Leaves Publishing

根
以讀者爲其根本

莖
用生活來做支撐

葉
引發思考或功用

果
獲取效益或趣味

孟老師的
100 道手工餅乾

孟兆慶◎著

德不孤，必有鄰

五年多來，幾乎都是透過電視的媒介，單向地與觀眾進行溝通，到底每天有多少人在電視的那一端聽你說話呢？

2004年6月，孟老師出了一本下午茶的書，她藉著新書的發表和簽名會之便，在全省順便辦了幾場「粉絲會」。這麼重要的大人物辦活動，這麼好的機會能和觀眾面對面，說什麼我都要抽空參加一下呀！不說不知道，一說嚇一跳！每場出席的好朋友擠得現場滿坑滿谷座無虛席，這時才讓孟老師和我感受到之前在節目中付出的誠意，真的都有被觀眾們「收到了」，也同時讓我想起了以前唸書時學過的那句話──「德不孤，必有鄰」！

「巨細靡遺」是孟老師教學的特色，所有的過程、細節、步驟……她都會教得清清楚楚，不像有些商家一樣，總是「十步留一步，免得徒弟打師傅」的將那些自以為是的絕招偷偷藏起來，而且孟老師的「細」甚至會細到讓你覺得她是不是有點雞婆，或是龜毛。不過無論你怎麼事後抱怨她，她最大的目的還是在讓你完全的學會如何做點心。（我這樣說，希望不會讓你連想到醫院裡的護理長！）

「糾錯能力超強」同樣也是孟老師的特色，因為孟老師從事西點烘培的教學工作已經好多年了，所以一般人在做西點的時候都會犯哪些錯誤，孟老師完全清楚了解，而且甚至在你犯錯之前，她就已經知道你會犯什麼錯了。或者光看你的成品，她也能知道在整個過程中，你曾經犯了哪些錯誤。面對這樣的老師，可能會覺得有種赤裸裸被看穿的壓力，不過能夠少走一些冤枉路，早一點享受成功的美味，不是挺好的嗎？（我這樣說，希望不會讓你連想到乩童！）

以上這些特色，在孟老師的這本餅乾書裡面統統都包含了，保證要讓所有人「輕輕鬆鬆、簡簡單單」的，就能吃到自己親手做出來的餅乾。除此之外，還有「兩年保鮮」的特色──書中包含了100種的餅乾變化，就算每週做一種，可不是要兩年以上才能全部做完一遍；還有「售後服務」的特色──擁有了孟老師的這本書之後，就算遇到了問題無法解決，你還有《食全食美》的節目示範、或是孟老師網站的空中教學、甚至你還能直接殺到學校裡去找她……再不然，在《食全食美》的網站上面，還有無數孟老師的「粉絲」隨時能夠解決所有人提出來的任何問題。曾幾何時，買書還有售後服務的。

反正，除非是你不想做，否則「只有成功，沒有失敗」喔！

入門必勝點心，就從手工餅乾做起

　　這年頭，想吃餅乾還不簡單！五花八門的各式口味、進口的、國產的，無奇不有包裝炫麗又精緻，走一趟大賣場，多樣化的產品，包準讓你看得眼花撩亂。

　　即便是如此，很多人還是很迷戀所謂的手工餅乾，不為別的，只為那濃郁香醇的豐富口感。除了只是單純的滿足口腹之慾外，特別的是，親手製作過程中，從攪拌、成形、烘烤到成品出爐，多一份的喜悅與滿足，肯定是來自於視覺與嗅覺上的感官享受，這就是所謂「Home-made」的餅乾誘人之處。

　　幾年前，有人向我訂購訂婚禮盒，還特別指定必須全部是手工餅乾，當時我的直覺反應是：真好！遇到行家了。量身訂做的內容加上真材實料的呈現，果然滿足了饕客挑剔的嘴。但，如果只是用「好吃」二字，來形容手工餅乾，似乎無法展現其誘人的魅力，凡是親自做過、吃過的人，最能體會一種莫名的幸福與感動，這可不是利用金錢購買機械化生產的餅乾，所能享受到的。

　　品嘗餅乾，即是享受「香氣」與「口感」的美妙滋味，依循著這樣的理念與想法，這次我似乎做盡了周遭可利用的食材，也嘗盡了製作時的樂趣。研發期間，任何食材只要出現在腦海中，即刻想像該搭配什麼樣的合理口感；就像有一次，與一群學生前往「辣」菜專家羅進雄師傅的餐廳聚餐，想當然的，聯想到的就是火熱的乾辣椒，應該可以入麵糰做餅乾的。可想而知，本書所呈現的百種餅乾口味，只是存乎於食材、份量與製程之間的互動關係，掌握好你想要的是麵糰抑是麵糊？也清楚個人的嗜吃偏好，那麼要玩弄餅乾於股掌間，可是輕而易舉又樂趣無窮的。

　　你可從本書中設定幾樣自己有興趣的餅乾種類，從備料、製作到完成，再盡情享受成品出爐時的暢快，滿足自己之餘，也可試著將精心傑作包裝美化一下，分享周遭的朋友。入門必勝點心，就從手工餅乾做起，享受成就感，滿足一下小小虛榮心，也是激勵自己的方式喔！

孟兆慶

如 何 使 用 本 書 ?

1 **六大主題**：不管是美式簡易餅乾、手工塑形餅乾或切割餅乾，孟老師都會告訴您每一主題餅乾的製作重點，讓您可以依自己的喜好設計出各式不同美味的餅乾。

Part 1

美 式 簡 易 餅 乾

Drop

可視為入門餅乾，所有材料混合後，既可省略麵糊鬆弛的時間，又不需刻意的做造型，最後利用一根湯匙，即可快速、簡便又黏性的製作完成，接著再掌握一下烘烤技巧，就能呈現書購的家庭式餅乾。

* 製作的特色：利用橡皮刮刀，將濕性與乾性材料混合均勻。
* 材料的類別：黑、軟的麵糊，無法直接用手操作。
* 塑形的工具：小湯匙或叉子。
* 掌握的重點：1.麵糊塑形時，每個份量控制在15g左右。
　　　　　　　2.麵糊過厚時，用低溫慢烤方式，徹底烘乾水份。

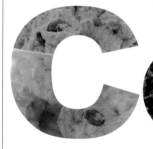

2 **孟老師的貼心叮嚀**：各種不同主題餅乾製作時的重要事項。

7 餅乾成品完成圖，趣味性的跨頁設計，讓您更想躍躍欲試。

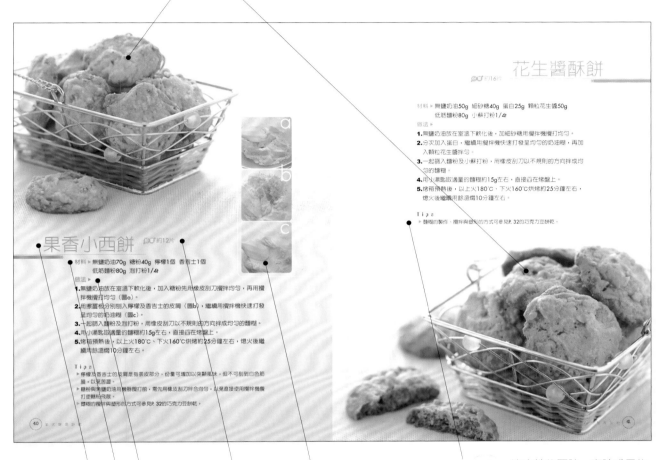

花生醬酥餅

約16片

材料▶無鹽奶油50g 細砂糖40g 蛋白25g 顆粒花生醬50g
低筋麵粉80g 小蘇打粉1/4t

做法▶
1. 無鹽奶油放在室溫下軟化後，加細砂糖用攪拌機攪打均勻。
2. 分次加入蛋白，繼續用攪拌機快速打發呈均勻的奶油糊，再加入顆粒花生醬拌勻。
3. 一起篩入麵粉及小蘇打粉，用橡皮刮刀以不規則的方向拌成均勻的麵糰。
4. 用小湯匙取適量的麵糰約15g左右，直接舀在烤盤上。
5. 烤箱預熱後，以上火180℃，下火160℃烘烤約25分鐘左右，熄火後繼續用餘溫燜10分鐘左右。

Tips
▶麵糰的製作、攪拌與塑形的方式可參見P.32的巧克力豆餅乾。

果香小西餅

約12片

材料▶無鹽奶油70g 糖粉40g 檸檬1個 香吉士1個
低筋麵粉80g 泡打粉1/4t

做法▶
1. 無鹽奶油放在室溫下軟化後，加入糖粉先用橡皮刮刀攪拌均勻，再用攪拌機攪打均勻（圖a）。
2. 用擦薑板分別刨入檸檬及香吉士的皮屑（圖b），繼續用攪拌機快速打發呈均勻的奶油糊（圖c）。
3. 一起篩入麵粉及泡打粉，用橡皮刮刀以不規則的方向拌成均勻的麵糰。
4. 用小湯匙取適量的麵糰約15g左右，直接舀在烤盤上。
5. 烤箱預熱後，以上火180℃，下火160℃烘烤約25分鐘左右，熄火後繼續用餘溫燜10分鐘左右。

Tips
▶檸檬及香吉士的皮屑是指表皮部分，份量可增加以突顯風味，但不可刮到白色筋膜，以免苦澀。
▶糖粉與無鹽奶油用機器攪打前，需先用橡皮刮刀拌合均勻，以免直接使用攪拌機攪打變糖粉飛揚。
▶麵糰的攪拌與塑形的方式可參見P.32的巧克力豆餅乾。

40

6 決定性的要訣，有時成品的道地與否、美味與否，就在這小小的細微處。

5 製作分解圖，可對照操作是否正確。

4 所準備材料可做出此道點心之份量數。

3 詳細的製作步驟解說，讓您操作時不容易出錯。

2 準備適當份量的材料是做好點心的必要條件。

1 各種餅乾的正確名稱。

目 錄 Contents

Part 1

美式簡易餅乾
D　　r　　o　　p

Part2 手工塑形餅乾
Hand-Formed

Part3
切 割 餅 乾
C u t

Part4

擠花餅乾
Piped

Part5
棒狀餅乾
B a r

Part6

薄片餅乾
Tuile

餅 乾 的 世 界

　　餅乾,應該算是所有的烘焙點心中,最具簡易性與方便性的一項,從本書中所列的幾項基本的工具即見端倪,就算只是一些糖、油、蛋、粉等最基本的素材,也能完成餅乾的製作。如果再將基本材料加以延伸添加,在無限的排列組合情況下,餅乾的豐富性、口感的變化性,才是精采之處。

　　品嘗餅乾的美味,不外乎是享受其香、酥、脆的口感滿足;製作的同時,只要將材料稍做調整或操作手法變換一下,即會出現不同的風貌,進而產生千變萬化的美妙滋味與口感,從鬆鬆軟軟到酥酥脆脆、或甜或鹹,似乎都在瞬間即可享受。特別的是,不須具備高深的製作技術與學習的時間,即能輕易上手而浸淫在餅乾世界中。

餅乾的種類

　　餅乾世界中,因為不同的配方比例,在製作過程中,即會出現材料拌合後的不同屬性,最後經過烘烤,而產生各式的口感與風味,以下則是最常見的兩大類型:

■**麵糊類**:油份或水份含量高,拌合後的材料濕度大呈稀軟狀,無法直接用手接觸,需藉由湯匙或擠花袋來做最後的塑形,例如:美式簡易餅乾、擠花餅乾及薄片餅乾,口感既酥且鬆。

■**麵糰類**:拌合後的材料,手感明顯較乾硬,可直接用手接觸塑形,有時配方內是以水份將材料組合成糰,因此口感較脆,例如:手工塑形餅乾及切割餅乾。

常用的製作方式

　　依食材的特性,區分為濕性與乾性兩類,再以不同的拌合方式與順序,而呈現麵糊或麵糰,最常用的方式如下:

■ **糖油拌合法**：先濕後乾的材料組合，即奶油在室溫軟化後，分次加入蛋液或其他濕性材料，再陸續加入乾性材料混合成麵糊或麵糰。例如：巧克力豆餅乾、原味奶酥餅乾、檸檬優格餅乾及卡魯哇小西餅……等。

■ **油粉拌合法**：先乾後濕的材料組合，即所有的乾性材料，包括麵粉、泡打粉、小蘇打粉、糖粉……等先混合，再加入奶油（或白油）用雙手輕輕搓揉成鬆散狀，再陸續加入濕性的蛋液或其他的液體材料，混合成麵糊或麵糰。例如：義式檸檬圈餅、幸運圈餅、桃酥及橄欖油蛋白脆餅……等。

■ **液體拌合法**：將乾性材料的各式食材，例如乾果、堅果及麵粉等，直接拌入融化後的奶油或其他液體食材中，混合均勻即可塑形。例如：薄片餅乾。

製作的要點

　　掌握幾項製作的要點，除了可以讓你事半功倍的享受動手做的樂趣外，同時也才能達到「餅乾好做又好吃」的完美境界。

■ **事前的準備**：操作前，確認一下所有必須使用的材料，在「最佳」狀態下，才可以順利進行材料的攪拌、打發及拌勻等動作。開始秤料時，首要動作是先將無鹽奶油從冰箱取出，秤出需要的份量，放在「室溫下」慢慢回軟，千萬不可心急，讓奶油直接加熱而成呈液態狀，除非配方是必要性的需要將奶油融化（圖1），否則在一般情況下的製作方式，奶油軟化才有助於「打發」的效果。另外像是液體材料的雞蛋、牛奶及果汁等，也都需要提前從冷藏室取出，也才有利於拌合後的效果。

■ **精確的份量**：毫無疑問，將配方中材料的份量，準備齊全又精確，絕對是成功製作的首要條件，雖不必苛求百分之百的精準度，但也不可誤差過大，否則完成後的成品，往往與實際相去甚遠囉！

本書中的計量主要以g（公克）為單位，因此，最好有個以一公克為單位的電子秤，會比刻度的磅秤好用又精確。如果量少的乾性或濕性材料，則可利用標準量匙計量，但須注意粉狀材料需與量匙平齊（圖2）。

另外，一個蛋的大小，往往也左右了麵糊或麵糰的成形，因此，為降低誤差率，本書中的蛋液完全以「去殼後的淨重」來計量，如此一來，更能精確的準備材料。

■**攪拌的方式**：就製作而言，不論「麵糊」或「麵糰」，最後終需將濕性與乾性的材料合而為一，然而是否掌握其中的方式與使用工具，卻能影響餅乾口感的優劣。

一、麵糊的拌合

• 錯誤方法一：當乾性材料的粉料篩在濕性材料的奶油糊之上時，不可用橡皮刮刀一直**轉圈圈**「規則的」攪拌，否則麵糊出筋，就不會有好口感（圖3）。

• 錯誤方法二：避免使用**打蛋器**，否則乾、濕材料不易拌合而塞在一起，同時過度的用力攪拌，也會有出筋的後果（圖4）。

• 正確的方法：利用橡皮刮刀將奶油糊與粉料做**切、壓、刮**的拌合動作，同時要以不規則的方向操作。

1. 乾性材料（粉料）篩入打發後的奶油糊之上（圖5）。

2. 橡皮刮刀的刀面呈「直立狀」的左右**切**著奶油糊與粉料（圖6）。

3. 再配合橡皮刮刀的刀面呈「平面狀」**壓**材料的動作（圖7）。

4. 再配合橡皮刮刀**刮**底部沾黏的材料（圖8）。

二、麵糰的拌合

- 錯誤方法一：用手用力搓揉，如同製作麵包揉麵的手法。
- 錯誤方法二：用攪拌機快速並過度的攪打，以上兩項，均會造成麵糰出筋的因素。
- 正確的方法：因濕性材料含量低，可用橡皮刮刀及手以漸進的方式將材料抓成糰狀。

1. 一開始用橡皮刮刀或手，先將濕性（奶油糊）與乾性（粉料）材料稍做混合（圖9）。
2. 繼續用橡皮刮刀或手將材料漸漸的拌成鬆散狀（圖10）。
3. 最後用手掌，將所有材料抓成均勻的糰狀（圖11）。

■ **形狀的要求**：完成了麵糊或麵糰的製作，接下來的塑形，就必須掌握外觀與控制大小的動作，否則隨性的結果，即會直接影響成品烘烤後的品質，因此，在同一烤盤內的造形，必須遵守以下三點：

1. **大小一致** 例如：手工塑形的餅乾，份量拿捏盡量精確，最好以磅秤計量（圖12）。
2. **厚度一致** 例如：利用刀切的餅乾，麵糰的厚度要控制，最好在0.8～1公分為宜。手工塑形的餅乾，厚度也要一致，邊緣不可過薄，否則容易烤焦（圖13）。
3. **形狀一致** 例如：利用餅乾刻模做造型的餅乾，所選用的模型要一致（圖14）。

■**烘烤的技巧**：最後的重頭戲，當然就是「烘烤」，疏忽的話就是前功盡棄，烘烤過程掌握察「顏」觀色與隨機應變，絕對是必要的。完美的烘烤結果，就是將餅乾內的水份完全烤乾並呈均勻的色澤，總之，控制火侯得宜，勿將成品「烤焦」，細心與關心的烘烤，即會有賣相佳的成品。

一、正確的烘烤
1. 家庭一般烤箱，烘烤前約10～15分鐘，開始準備以上、下火180℃預熱，成品受熱才會均勻。
2. 除非例外，否則大部分成品都以上火大、下火小的溫度烘烤，如烤箱無法控制上、下火時，烘烤餅乾則以平均溫度即可。
3. 家庭式的烘烤，需避免高溫瞬間上色，否則麵糰內部不易烤乾熟透。
4. 不要一個溫度烤到底，中途可依上色程度而將溫度調低續烤，也就是「低溫慢烤」，較易掌握成品外觀的品質。
5. 成品已達上色效果及九分熟的狀態，即可關火利用餘溫，以燜的方式將水份烘乾。
6. 一般成品（除薄片餅乾外），烘烤約20分鐘後，觀察上色是否均勻，來決定是否須將烤盤的內與外的位置掉換。
7. 不可堅守食譜上烘烤的溫度與時間的數據，一般成品（除薄片餅乾外），烘烤約25～30分鐘左右後，如上色的程度過淺，需隨機「加長時間」與「調整溫度」。
8. 出爐後的成品放涼後，如仍無法呈現酥或脆的應有口感及硬的觸感，可視情況再以低溫約150℃烘烤數分鐘，即可改善。

二、錯誤的烘烤
1. 成品的顏色有深有淺，烘烤過程中，沒有察「顏」觀「色」，調整烤盤（圖15）。
2. 成品烘烤過程中，尚未熟透，即發生邊緣有上色情況，即表示烤箱的底火過高。解決方式是除關掉底火外，可再加一個烤盤烘烤（圖16）。
3. 火溫過高或烘烤過久，造成上色過深（圖17）。

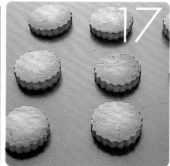

■**烘烤的過程**：生的麵糰送入烤箱後，隨著時間增長、受熱，而慢慢上色的過程，
可以判斷烤熟的程度。

1.麵糰的原色（圖18）。

2.10分鐘後，慢慢變白（圖19）。

3.20～25分鐘後，明顯的金黃色，已呈八分熟（圖20）。

4.續烤5～10分鐘後，具有賣相的成品顏色（圖21）。

餅乾的享用與保存

■成品出爐待完全放涼後，餅乾的酥、鬆、脆、香的各種特性才會出現，也才是最
佳的品嘗時機。

■成品出爐待完全放涼後，應避免在室溫下放太久又吸收濕氣而變軟，需立即裝入
密封的玻璃罐、保鮮盒或塑膠袋內，依環境的濕度或成品的類別，放在室溫下約
可存放7～10天（圖22,23,24）。

■如成品有回軟現象，仍可以低溫慢烤方式將水份烤乾，即會恢復原有的口感。

本書使用的道具

餅乾的製作，從秤料、攪拌、打發、拌合、塑形到烘烤，仰賴適當的道具，才得以順利的進行至完成，所謂「工欲善其事，必先利其器」，準備並投資一些道具，也絕對省不得。

主要的道具

電子磅秤：以數字顯示重量，並以1公克為單位，放上容器後可將標示的重量數字歸零，使用上較刻度的磅秤方便又精確。

打蛋盆：呈圓弧底的攪拌容器，不鏽鋼材質或是玻璃製品均可，前者隔水加熱時受熱較快，而後者卻有微波的方便性。

打蛋器：不鏽鋼材質，選用長度約30公分為宜，用來攪拌濕性材料的蛋液、細砂糖或奶油的打發或拌合。

木匙：用來攪拌需要高溫加熱的食材，或是需要用力攪拌的材料。

橡皮刮刀：拌合濕性與乾性材料，並可刮淨附著在打蛋盆上的材料。選用長度約24公分為宜。

攪拌機：手拿式的電動攪拌機，瓦數越大，打發奶油糊、蛋糕或鮮奶油的速度越快。

大、小網篩：粗孔的網篩，用來過篩麵粉或糖粉，細孔的網篩，通常用在過篩少量的可可粉或糖粉於裝飾上。

大刮板：在桌面製作麵糰時，幫助濕性與乾性材料的拌合，並可將麵糰塑形成工整的形狀。

叉子：麵糊在烤盤上塑形時，可幫助顆粒的材料在麵糊上均勻的攤開。
大湯匙：麵糊在烤盤上塑形時，可方便的將麵糊平均的攤開。
小湯匙：可方便取少量的材料，進行填餡的動作。

量匙：需要少量的液體材料或是粉料時，即可使用。

羊毛刷：需要刷水份或蛋液在麵糰上時使用。

蛋糕紙：鋪在烤盤上或是墊在烤模內，以利成品烘烤後脫模，也可包裹麵糰塑形成圓柱體或長方體。

桿麵棍：麵糰需延展攤平時使用。

刨絲器：可刨下檸檬或柳橙的外皮呈細絲狀，用在材料的調味或成品的裝飾上。

刨皮器（或用擦薑版）：刨下檸檬或柳橙的外皮呈細屑狀，用在材料的調味或成品的裝飾上。

保鮮膜：可包裹麵糰，以防止麵糰在室溫或冷藏室鬆弛時，水份風乾或流失，也可用在擀麵糰時，利用保鮮膜的隔絕，防止麵糰沾黏擀麵棍，以利操作。

鋁箔紙：：製作棒狀餅乾時，可墊在烤模內以利成品脫模。

方形烤模：除製作一般的蛋糕外，也可用在棒狀餅乾的烘烤，選用的尺寸以18×18公分為宜，較方便家庭式的烘烤。

方形慕斯框：除製作一般的慕斯外，也可方便的將棒狀餅乾的麵糰塑形成工整形狀，選用的尺寸以18×18公分為宜，較方便家庭式的烘烤。

擠花袋：除使用在擠花裝飾外，還可裝入濕軟的麵糊，方便擠製各式造型的餅乾，選用長度約16吋為宜。

擠花嘴：準備最常用的平口（口徑呈平滑的圈狀，直徑約0.8公分）與尖齒（口徑呈八齒或十齒）兩種花嘴即可。

羅蜜亞花嘴：壓克力材質，擠製羅蜜亞餅乾的大型特殊花嘴。

餅乾刻模：依個人喜好，準備各式造型，不鏽鋼或塑膠材質均可。

單柄鍋：融化奶油或煮沸其他材料時使用。

本 書 使 用 的 材 料

以下是本書所使用的所有材料，了解其特性更有助於製作出美味的餅乾。

粉 類

低筋麵粉（Cake Flour）：製作蛋糕及餅乾的主要粉料，容易吸收空氣中的濕氣而結粒，使用前必須先過篩。

全麥麵粉（Whole Wheat Flour）：低筋麵粉內添加麩皮，除用在蛋糕或麵包內，還常用在餅乾的製作，增添風味，另有不同的咀嚼口感。

杏仁粉（Almond Powder）：由整粒的杏仁豆研磨而成，呈淡黃色，無味，常添加在蛋糕或餅乾中豐富口感與風味。

玉米粉（Corn Starch）：呈白色粉末狀，具有凝膠的特性，除用在布丁製作外，添加在餅乾中，可改善內部組織酥鬆綿細。

奶粉：常用在蛋糕、麵包或餅乾，增加產品風味。

椰子粉：椰子粉由椰子果實製成，加工後有不同的粗細，含食物纖維，常用於烘焙中增加風味。

細砂糖：主要的各式西點甜味劑，顆粒細小，較容易融化及攪拌。

金砂糖（Brown Sugar）：又稱二砂糖，添加在糕點中當作甜味劑外，還有上色效果。

糖粉（Icing Sugar）：呈白色粉末狀，有些市售的糖粉內含少量的玉米粉，以防止結粒，易溶於液體中，添加在餅乾麵糰中，使烤後的成品較不易擴散。

紅糖：又稱黑糖，有濃郁的焦香味，使用前需先過篩。

粗砂糖：顆粒較粗，添加在餅乾麵糰內，經高溫烘烤不易融化，也常用在成品的裝飾。

糖蜜（Molasses）：又稱黑糖蜜，呈濃稠的黑色糖漿，常用在重口味的蛋糕或餅乾的製作。

楓糖（Maple Syrup）：是由楓汁液萃取而成，具有特殊香氣，除一般用在鬆餅（Pancake）調味外，還可當作各式西點的甜味劑。

蜂蜜（Honey）：天然的甜味劑，用於烘焙產品中，除可增加風味外，還有上色效果。

果糖（Fructose）：呈透明狀，水份含量較高的液體糖漿。

油脂類

無鹽奶油（Unsated Butter）： 為天然的油脂，由牛奶提煉而成，製作各式西點時通常使用無鹽奶油，融點低，需冷藏保存。

白油（Shortening）： 呈白色固態狀，為植物性油脂，其融點較無鹽奶油高，多用於餅乾或派皮上，烘烤後的成品口感酥鬆。放在室溫陰涼處保存。

純橄欖油（EXTRA Virgin Olive oil）： 呈青綠色，除用在各式料理外，當作餅乾麵糰的油脂，具有特殊的風味與微微果香。

膨鬆劑

泡打粉（Baking Powder）： 簡稱B.P.，呈白色粉末狀，是製作蛋糕及餅乾的化學膨大劑，使用時與麵粉一起過篩較均勻，經受熱後產生膨鬆效果。

小蘇打粉（Baking Soda）： 簡稱B.S.，呈白色粉末狀，為鹼性的化學添加劑，可與酸性食材產生中和作用，添加在餅乾中，組織具有鬆、脆效果，不可過量，否則口感會有鹼味。

塔塔粉（Cream of Tartar）： 呈白色粉末狀，是打發蛋白時的添加物，屬於酸性物質，使打發的蛋白具光澤、細緻感。

巧克力類

水滴形巧克力豆（Chocolate Chips）： 進口產品，呈水滴形，微甜、耐高溫，經烘烤後也不易融化，最好選用小型顆粒來使用較佳。

白巧克力： 國產品，有奶香味，常用的烘焙食材，切碎後再隔水加熱較易融化成液體。

苦甜巧克力（Chocolate）： 國產品，不需調溫的巧克力，微甜的口感，常用的烘焙食材，切碎後再隔水加熱較易融化成液體。

牛奶：即冷藏的鮮奶，使麵糊或麵糰增加濕潤度，選用時全脂或低脂均可。

動物性鮮奶油（Whipped Cream）：為牛奶經超高溫殺菌製成（UHT），內含乳脂肪，不含糖，常用於慕斯或西餐料理上，風味香醇口感佳。

煉奶（Sweetened Condensed Milk）：呈乳白色濃稠狀，由新鮮牛奶蒸發提煉製作，內含糖份，使麵糊或麵糰增加濕潤度。

原味優格：呈固態狀，牛奶製成的發酵乳製品。

奶油乳酪（Cream Cheese）：牛奶製成的半發酵新鮮乳酪，常用來製作乳酪蛋糕或慕斯，使用前需先從冷藏室取出回軟。

切達起士（Chaddar Cheese）：呈薄片狀，除用在三明治的製作外，添加在餅乾內可增添明顯的起士風味。

帕米善起士粉（Parmesam）：為硬質乳酪，是由塊狀磨成粉末狀，除用在各式西式料理外，還用於麵包、蛋糕或餅乾的調味。

椰奶（Coconut Milk）：由椰肉研磨加工而成含椰子油及少量纖維質，常用於甜點中增加風味。

堅果類

杏仁角：烘焙食品常用的堅果，是由整顆的杏仁豆加工切成的細粒狀。

核桃（Walnut）：烘焙食品常用的堅果，添加在麵糊或麵糰中，最好先烤10分鐘，讓內部水份烘乾再使用。

杏仁豆（Almond）：是糕點中常用的堅果食材，富含油脂。
杏仁片：是由整顆的杏仁豆切片而成。

黑芝麻：烘焙食品常用的加味食材，如要添加在麵糰或麵糊中，則需先烤過才會釋放香氣，如放在產品表面，則不需烤過。

白芝麻：烘焙食品常用的加味食材，如要添加在麵糰或麵糊中，則需先烤過才會釋放香氣，如放在產品表面，則不需烤過。

南瓜子仁：呈綠色，口感酥脆，是糕點中常用的堅果食材之一，富含油脂。

葵瓜子仁：呈灰色，口感酥脆，是糕點中常用的堅果食材之一，富含油脂。

開心果粒（Pistachio）：含豐富的葉綠素，果實呈深綠色，屬高價位的食材，常用於烘焙中或西點裝飾。

夏威夷豆（Macadamia）：是油脂含量高的堅果，口感酥脆，用於烘焙中或西點裝飾，必須冷藏保存。

乾果類

蔓越梅乾：口感微酸微甜，呈暗紅色，常添加在麵包或蛋糕內，增加風味，如顆粒過大，使用前可先切碎。

葡萄乾：常添加在麵包或蛋糕內，使用前需用蘭姆酒泡軟以增加風味，如要添加在餅乾內，最好先切碎，否則烘烤後的口感會太硬。

糖漬桔皮丁：桔皮經過糖蜜加工所製成，微甜並有香橙味，常添加在麵包、蛋糕或餅乾麵糰中，增添風味。

杏桃乾：新鮮杏桃經糖漬加工製成，口感軟Q，使用前需切碎再添加在各式麵糰中，增添風味。

去子加州梅（Pitted Prunes）：進口產品，新鮮加州梅糖漬加工製成，使用前需先切碎。

穀物類

即食燕麥片：加入滾水中即可食用，還可添加在各式西點內，豐富產品的組織與增添風味。

綜合燕麥片（Cereal）：內含綜合性的穀物與乾果，常用在與牛奶混合的早餐食物。添加在餅乾內，增加不同的風味與咀嚼口感。

玉米片（Corn Flakes）：口感酥脆，呈薄片狀，常用在與牛奶混合的早餐食物。添加在餅乾內，增加不同的風味與咀嚼口感。

大燕麥片：加入滾水中即可食用，還可添加在各式西點內，豐富產品的組織與增添風味。

巧克力圈（Chocolate Loops）：口感酥脆，常用在與牛奶混合的早餐食物。

小麥胚芽（Wheat Germ）：呈咖啡色細屑狀，除可直接調在牛奶中當作飲品外，也常添加在麵包或餅乾內，增添風味。

香草、辛香料

新鮮迷迭香：香草植物的一種，味道濃郁，除用在肉類料理外，添加在麵包、蛋糕或餅乾內，有明顯的香氣。

九層塔：為「羅勒」品種，香草植物的一種，味道濃郁，除用在中、西式料理外，切碎後添加在餅乾內，有特殊的香氣。

乾紅辣椒：除製作中式料理外，切碎後添加在餅乾中，有嗆辣的口感。

咖哩粉：除製作中式料理外，添加在餅乾中，成辛香風味的特殊口感。

粗黑胡椒粉：除用在中、西式料理調味外，添加在餅乾中，成辛香辣味的口感。

香草精：添加在餅乾或蛋糕內，可去除蛋腥味並增添風味。較天然的香草精是由香草豆（Vanilla）萃取而成，價位高；而化學調味者，則價位較低廉。

薑粉：呈土黃色的粉末狀，常用在蛋糕或餅乾的調味，製成香料糕點。

肉桂粉：又稱「玉桂粉」，屬味道強烈的辛香料，能使糕點產品提味或調味。

丁香粉：呈咖啡色的粉末狀，常用於西式料理的調味。

各式加味料

粗鹽：比一般調味用的食鹽顆粒粗，烘烤後不易融化。

番茄糊（Tomato Paste）：是番茄的加工製品，呈濃稠的糊狀物，常用於西餐料理中。

抹茶粉：抹茶粉含兒茶素、維生素C、纖維素及礦物質，為受歡迎的健康食材，常添加在西點中，增加風味與色澤。

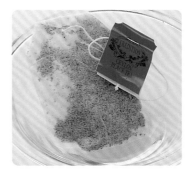

無糖可可粉：內含可可脂，不含糖口感帶有苦味，常用於各式西點的調味或裝飾，使用前必須先過篩。

即溶咖啡粉：製作咖啡風味的各式西點的添加食材，加水或牛奶調勻後，即可直接使用。

紅茶包：除與滾水沖泡做為飲料外，還可調成濃縮液添加在糕點內調味。

海苔粉：呈綠色的粉末狀，有明顯的海苔香，可增添糕點風味。

酒漬櫻桃：呈完整顆粒狀，新鮮櫻桃浸在櫻桃白蘭地中製成，酒香味非常濃郁，常用於各式蛋糕或慕斯的夾心及裝飾。

黑芝麻粉：由熟的黑芝麻研磨而成，市售的有含糖與不含糖兩種，製作餅乾時，選用不含糖的為宜。

海苔：呈薄片狀，市售有多種加味的海苔，如要製作餅乾，選用原味即可。

OREO餅乾：OREO巧克力餅乾是一種市售餅乾，除直接食用外，磨碎後常用來當作乳酪蛋糕或慕斯墊底用；使用前需先將夾心糖霜取出，只使用餅乾本身即可。

檸檬：通常將皮刨成細絲或屑狀，加在烘焙產品中調味，而檸檬汁通常添加在慕斯或蛋糕內，增加風味。

柳橙（或香吉士）：與檸檬使用方法相同，進口的香吉士外皮或果汁顏色較鮮豔，製作的效果較好。

白蘭地桔子酒（Grand Marnier）：具香橙風味，酒精含量40%，適合添加在各式水果風味的醬汁、慕斯、蛋糕、冰淇淋及奶製品中調味，是製作西點時最常添加的高級水果香甜酒，也是雞尾酒中的調味用酒。

卡魯哇（Kahlua）咖啡酒：酒精濃度為26.5%，適合添加在堅果、奶製品、巧克力及咖啡風味的慕斯或醬汁中，也適合直接添加在牛奶或咖啡中增添風味。

顆粒花生醬：內含油脂及花生碎顆粒，除塗抹吐司食用外，還可添加在各式糕點內，增加風味。

柳橙果醬：呈黏稠狀，常用在蛋糕或餅乾內夾心。

美 式 簡 易 餅 乾

Drop

可視為入門餅乾，所有材料混合後，既可省略麵糊鬆弛的時間，又不需刻意的做造型，最後利用一根湯匙，即可快速、簡便又隨性的製作完成，接著再掌握一下烘烤技巧，就能呈現香噴噴的家庭式餅乾。

✱ 製作的特色：利用橡皮刮刀，將濕性與乾性材料混合均勻。

✱ 生料的類別：濕、軟的麵糊，無法直接用手操作。

✱ 塑形的工具：小湯匙或叉子。

✱ 掌握的重點：1.麵糰塑形時，每個份量控制在15g左右。

2.麵糊過厚時，用低溫慢烤方式，徹底烘乾水份。

Tips

▶ 麵糊不要過大，以免烘烤不易熟透，約15g左右（直徑約2公分）即可。

▶ 水滴形巧克力粒屬於耐高溫型的巧克力，烘烤後亦不會融化，可隨個人口感，增減15g左右調整風味。

巧克力豆餅乾

份量 約28個

材料 ▶ 無鹽奶油100g 細砂糖50g 香草精1/2t
全蛋45g 低筋麵粉150g
泡打粉（B.P.）1/4t 水滴形巧克力粒80g

做法 ▶

1. 無鹽奶油放在室溫下軟化後（圖a），加入細砂糖及香草精用攪拌機攪打均勻（圖b）。

2. 分次加入全蛋（圖c），繼續用攪拌機快速打發呈均勻的奶油糊（圖d）。

3. 一起篩入麵粉及泡打粉（圖e），用橡皮刮刀稍微拌合（圖f），即可加入巧克力粒。

4. 用橡皮刮刀以不規則的方向拌成均勻的麵糊（圖g）。

5. 用小湯匙取適量的麵糊約15g左右，直接舀在烤盤上（圖h）。

6. 烤箱預熱後，以上火180℃、下火160℃烘烤約25分鐘左右，熄火後繼續用餘溫燜10分鐘左右。

蛋白核桃脆餅 份量 約15個

材料▶ 核桃40g 蛋白40g 細砂糖25g 塔塔粉1/8t
低筋麵粉20g

做法▶

1. 烤箱預熱後，先將核桃以上、下火各150℃烘烤約10分鐘後，放涼切碎備用。

2. 蛋白用攪拌機打成粗泡後（圖a），分三次加入細砂糖及塔塔粉，快速攪打至九分發（圖b）。

3. 篩入麵粉並同時加入做法1.的碎核桃，用橡皮刮刀以壓拌方式拌成均勻的麵糊狀（圖c）。

4. 用小湯匙取適量的麵糊約15g左右，直接舀在烤盤上，再用湯匙沾少許的水，以轉圈方式稍微壓平（圖d）。

5. 烤箱預熱後，以上、下火各150℃烘烤約25分鐘左右，再以120℃續烤20分鐘，熄火後繼續用餘溫燜20分鐘左右呈金黃色。

Tips

▶ 核桃也可用其他的堅果代替。
▶ 蛋白打發呈九分發，如同製作戚風蛋糕時的蛋白打發程度，亦即撈起後的蛋白呈小彎勾狀。
▶ 篩入麵粉及加入碎核桃在打發的蛋白表面時，與一般拌合奶油糊方式不同，需用橡皮刮刀將粉料壓入蛋白中再攪拌，即可輕易拌合均勻。
▶ 使用低溫慢烤方式將成品的水份完全烤乾，即會有鬆脆的口感。
▶ 塔塔粉1/8t的份量，是量匙1/4t的一半，與細砂糖放在同一容器中。
▶ 烤盤上需墊蛋糕紙或耐高溫的矽利康烤布，出爐後，需趁熱剷起。

杏仁角酥餅

材料 ▶ 杏仁角50g　無鹽奶油120g　細砂糖50g　鹽1/4t　全蛋25g
　　　低筋麵粉110g　泡打粉1/4t　杏仁粉15g

做法 ▶

1. 烤箱預熱後，先將杏仁角以上、下火各150℃烘烤10分鐘後，放涼備用。
2. 無鹽奶油放在室溫下軟化後，加細砂糖及鹽用攪拌機攪打均勻。
3. 分次加入全蛋，繼續用攪拌機快速打發呈均勻的奶油糊。
4. 一起篩入麵粉及泡打粉後，接著加入杏仁粉，用橡皮刮刀稍微拌合，即可加入杏仁角。
5. 用橡皮刮以不規則的方向拌成均勻的麵糊。
6. 用小湯匙取適量的麵糊約15g左右，直接舀在烤盤上。
7. 烤箱預熱後，以上火180℃、下火160℃烘烤約25分鐘左右，熄火後繼續用餘溫燜10分鐘左右。

Tips

▶ 杏仁角也可用其他切碎的堅果代替。
▶ 麵糊的製作、攪拌與塑形的方式可參見P.32的巧克力豆餅乾。

巧克力玉米片脆餅

份量 約7個

材料 ▶ 玉米片100g　苦甜巧克力100g
　　　　烤熟的杏仁片10g

做法 ▶

1. 玉米片裝入塑膠袋內，用擀麵棍稍微敲碎
　 備用（圖a）。

2. 苦甜巧克力隔水加熱融化，待完全降溫後再
　 加入玉米片（圖b），用橡皮刮刀攪拌均勻。

3. 平均的倒入小圓模內，用小湯匙將表面抹平
　 並稍微壓緊（圖c）。

4. 在表面放上適量的杏仁片裝飾，冷藏約10
　 分鐘待凝固即可脫膜。

T i p s

▶ 玉米片不需敲的太細，口感較好。

▶ 表面整形時，不需刻意壓太緊。

▶ 小圓模的直徑5.5公分、高2公分，使用前不需抹
　 油。

香濃杏仁酥

材料 ▶ 無鹽奶油15g 葡萄乾20g 糖粉40g
杏仁粉50g 玉米粉20g 蛋黃40g

做法 ▶

1. 無鹽奶油隔水加熱融化成液體，葡萄乾切碎備用。

2. 糖粉先過篩，再加杏仁粉及玉米粉混合均勻，再分別加入蛋黃及無鹽奶油用橡皮刮刀拌勻（圖a）。

3. 最後加入葡萄乾，繼續用橡皮刮刀拌成均勻的糊狀（圖b）。

4. 用小湯匙取適量的麵糊約15g左右，直接舀在烤盤上。

5. 烤箱預熱後，以上火160℃、下火150℃烘烤約25分鐘左右，熄火後繼續用餘溫燜10分鐘左右。

Tips

▶ 葡萄乾也可用蔓越莓代替。

▶ 無鹽奶油也可用微波加熱融化。

▶ 麵糊的塑形方式可參見P.32的巧克力豆餅乾。

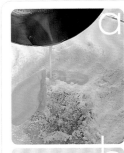

麥片芝麻酥餅

份量 約22片

材料 ▶ 無鹽奶油90g 金砂糖50g
全蛋40g 全麥麵粉80g
即食燕麥片50g 杏仁粉10g
小蘇打粉1/8t 白芝麻5g

做法 ▶

1. 無鹽奶油放在室溫下軟化後,加金砂糖用攪拌機攪打均勻。

2. 分次加入全蛋,繼續用攪拌機快速打發呈均勻的奶油糊。

3. 分別加入全麥麵粉、即食燕麥片、杏仁粉及小蘇打粉,用橡皮刮以不規則的方向拌成均勻的麵糊。

4. 用小湯匙取適量的麵糊約15g左右,直接舀在烤盤上,並在表面黏上適量的白芝麻。

5. 烤箱預熱後,以上火180℃、下火160℃烘烤約25分鐘左右,熄火後繼續用餘溫燜10分鐘左右。

Tips

▶ 也可將白芝麻拌入麵糊中烘烤,份量約15g。

▶ 小蘇打粉1/8t的份量,是量匙1/4t的一半。

▶ 麵糊的製作、攪拌與塑形的方式可參見P.32的巧克力豆餅乾。

玉米片香脆餅乾

份量 約18片

材料 ▶ 玉米片30g 蔓越莓乾30g
　　　無鹽奶油55g 金砂糖45g
　　　全蛋35g 低筋麵粉80g
　　　泡打粉1/4t

做法 ▶

1. 玉米片用手稍微捏碎,蔓越莓乾切碎備用。

2. 無鹽奶油放在室溫下軟化後,加金砂糖用攪拌機攪打均勻。

3. 分次加入全蛋,繼續用攪拌機快速打發呈均勻的奶油糊。

4. 一起篩入麵粉及泡打粉,用橡皮刮刀稍微拌合,即可加入玉米片及蔓越莓乾,以不規則的方向拌成均勻的麵糊。

5. 用小湯匙取適量的麵糊約15g左右,直接舀在烤盤上。

6. 烤箱預熱後,以上火180℃、下火160℃烘烤約25分鐘左右,熄火後繼續用餘溫燜10分鐘左右。

Tips

▶ 蔓越莓乾也可用料理機絞碎,或用葡萄乾代替。

▶ 玉米片即Corn Flake。

▶ 麵糊的製作、攪拌與塑形的方式可參見P.32的巧克力豆餅乾。

果香小西餅 份量 約12片

材料 ▶ 無鹽奶油70g 糖粉40g 檸檬1個 香吉士1個
低筋麵粉80g 泡打粉1/4t

做法 ▶

1. 無鹽奶油放在室溫下軟化後，加入糖粉先用橡皮刮刀攪拌均勻，再用攪拌機攪打均勻（圖a）。

2. 用擦薑板分別刨入檸檬及香吉士的皮屑（圖b），繼續用攪拌機快速打發呈均勻的奶油糊（圖c）。

3. 一起篩入麵粉及泡打粉，用橡皮刮刀以不規則的方向拌成均勻的麵糊。

4. 用小湯匙取適量的麵糊約15g左右，直接舀在烤盤上。

5. 烤箱預熱後，以上火180℃、下火160℃烘烤約25分鐘左右，熄火後繼續用餘溫燜10分鐘左右。

Tips

▶ 檸檬及香吉士的皮屑是指表皮部分，份量可增加以突顯風味，但不可刮到白色筋膜，以免苦澀。

▶ 糖粉與無鹽奶油用機器攪打前，需先用橡皮刮刀拌合均勻，以免直接使用攪拌機攪打使糖粉飛散。

▶ 麵糊的攪拌與塑形的方式可參見P. 32的巧克力豆餅乾。

花生醬酥餅

份量 約16片

材料 ▶ 無鹽奶油50g 細砂糖40g 蛋白25g 顆粒花生醬50g
低筋麵粉80g 小蘇打粉1/4t

做法 ▶

1. 無鹽奶油放在室溫下軟化後，加細砂糖用攪拌機攪打均勻。

2. 分次加入蛋白，繼續用攪拌機快速打發呈均勻的奶油糊，再加入顆粒花生醬拌勻。

3. 一起篩入麵粉及小蘇打粉，用橡皮刮刀以不規則的方向拌成均勻的麵糊。

4. 用小湯匙取適量的麵糊約15g左右，直接舀在烤盤上。

5. 烤箱預熱後，以上火180℃、下火160℃烘烤約25分鐘左右，熄火後繼續用餘溫燜10分鐘左右。

Tips

▶ 麵糊的製作、攪拌與塑形的方式可參見P. 32的巧克力豆餅乾。

焦糖蘋果餅乾

份量 約15片

材料 ▶ **A.**焦糖蘋果：青蘋果（去皮後）100g
　　　　 細砂糖50g　水1t　牛奶1T
　　　 B.無鹽奶油60g　金砂糖30g
　　　　 低筋麵粉80g　泡打粉1/4t

做法 ▶

1.焦糖蘋果：青蘋果切成約0.3公分的丁狀，
烤箱預熱後，以上、下火各180℃烘烤約10
分鐘左右備用。

2.細砂糖加水用小火煮至焦糖色（圖a），熄火
後慢慢加入牛奶，用木匙或湯匙拌勻，接著
加入蘋果丁，再開中火拌煮約1分鐘，即成
焦糖蘋果（圖b），瀝掉多餘的水份放涼備用
（圖c）。

3.無鹽奶油放在室溫下軟化後，加金砂糖用攪
拌機快速打發呈均勻的奶油糊。

4.一起篩入麵粉及泡打粉，用橡皮刮刀稍微拌
合，即可加入焦糖蘋果，以不規則的方向拌
成均勻的麵糊。

5.用小湯匙取適量的麵糊約15g左右，直接舀
在烤盤上。

6.烤箱預熱後，以上火180℃、下火160℃烘
烤約25分鐘左右，熄火後繼續用餘溫燜20
分鐘左右。

T i p s

▶ 熬煮焦糖蘋果時，需以大火收汁，最後再瀝掉多餘
的水份，才可到入麵糊中。

▶ 利用低溫慢烤方式，可將水份烤乾，口感即會酥
鬆。

▶ 麵糊的製作、攪拌與塑形的方式可參見P.32的巧克
力豆餅乾。

全麥黑芝麻餅乾

材料 ▶ 無鹽奶油90g 細砂糖55g 鹽1/4t
香草精1/4t 全蛋30g 低筋麵粉100g
泡打粉1/4t 全麥麵粉30g 黑芝麻2T

做法 ▶

1.無鹽奶油放在室溫下軟化後，分別加入細砂
糖、鹽及香草精用攪拌機攪打均勻。

2.分次加入全蛋，繼續用攪拌機快速打發呈均
勻的奶油糊。

3.一起篩入麵粉及泡打粉後，接著加入全麥麵
粉及黑芝麻，用橡皮刮刀以不規則的方向拌
成均勻的麵糊。

4.用小湯匙取適量的麵糊約15g左右，直接舀
在烤盤上。

5.烤箱預熱後，以上火180℃、下火160℃烘
烤約25分鐘左右，熄火後繼續用餘溫燜10
分鐘左右。

Tips

▶ 麵糊的製作、攪拌與塑形的方式可參見P.32的巧克
力豆餅乾。

Part 2

手 工 塑 形 餅 乾

Hand - Form

除基本款的圓片狀外，還可利用麵糰的可塑性，做出各式花樣的造型。完成後的麵糰，經過冷藏鬆弛，乾、濕材料確實混合均勻，才不易黏手而方便操作。

* 製作的特色：利用橡皮刮刀，拌合濕性與乾性材料。
* 生料的類別：軟性麵糰，溼度界於美式簡易餅乾與切割餅乾之間，可直接用手製作。
* 塑形的工具：雙手。
* 掌握的重點：1.濕度高的麵糰，需經過冷藏鬆弛，以利操作。
2.麵糰放在室溫下鬆弛，必須用保鮮膜包好，防止水份流失。
3.麵糰異於麵糊之處，是可用手直接抓成糰狀。
4.麵糰塑形時，每個份量控制在30g以內，不要過大，否則水份不易烤乾，同時注意厚度、大小要一致。

Tips
▶ 麵糰塑形時，以手指輕
　輕的壓數下，如有沾黏
　現象，手部可抹上少許
　的麵粉。
▶ 手工塑形餅乾的麵糰大
　小，以20～25g為宜。
▶ 水滴形巧克力粒屬於耐
　高溫型的巧克力，烘烤
　後亦不會融化。

可可餅乾

份量 約26片

材料 ▶ 無鹽奶油80g　金砂糖90g　全蛋50g
　　　　低筋麵粉150g　無糖可可粉15g
　　　　小蘇打粉1/2t　水滴形巧克力粒110g

做法 ▶

1. 無鹽奶油放在室溫下軟化後，加金砂糖用攪
拌機攪打均勻（圖a）。

2. 分次加入全蛋，繼續用攪拌機快速打發呈均
勻的奶油糊（圖b）。

3. 一起篩入麵粉、無糖可可粉及小蘇打粉（圖
c），用橡皮刮刀稍微拌合（圖d），即可加入
水滴形巧克力粒（圖e），繼續用橡皮刮刀以
不規則的方向拌成均勻的麵糰（圖f）。

4. 將麵糰包入保鮮膜內，冷藏鬆弛約30分鐘
左右。

5. 取麵糰約20g，用手輕輕的揉成圓球狀，直
接放在烤盤上，壓平呈直徑約5公分左右
（圖g）。

6. 烤箱預熱後，以上火180℃、下火160℃烘
烤約25分鐘左右，熄火後繼續用餘溫燜10
分鐘左右。

糖蜜餅乾

份量 約22片

材料 ▶ 無鹽奶油80g　細砂糖70g
　　　深糖蜜（Molasses）25g　全蛋40g
　　　低筋麵粉200g　小蘇打粉1/4t

做法 ▶

1. 無鹽奶油放在室溫下軟化後，分別加入細砂糖及糖蜜用攪拌機攪打均勻。

2. 分次加入全蛋，繼續用攪拌機快速打發呈均勻的奶油糊。

3. 一起篩入麵粉及小蘇打粉，用橡皮刮刀以不規則的方向拌成均勻的麵糰。

4. 將麵糰包入保鮮膜內，冷藏鬆弛約30分鐘左右。

5. 取麵糰約20g，用手輕輕的揉成圓球狀，直接放在烤盤上，壓平呈直徑約5公分左右。

6. 烤箱預熱後，以上火170℃、下火150℃烘烤約25分鐘左右，熄火後繼續用餘溫燜10分鐘左右。

Tips
▶ 麵糰的製作與塑形，可參見參見P.46可可餅乾。
▶ 如無法取得深糖蜜，可用蜂蜜或楓糖代替。

橄欖油辣味餅乾

材料 ▶ 乾紅辣椒5g　糖粉50g　低筋麵粉150g
　　　小蘇打粉1/4t　泡打粉1/4t　橄欖油60g
　　　水30g　鹽1/4t

做法 ▶

1. 乾紅辣椒剪碎備用（圖a）。

2. 糖粉、低筋麵粉、小蘇打粉及泡打粉一起過
　　篩。

3. 分別加入橄欖油、水及鹽，用手稍微拌合
　　後，即可加入乾紅辣椒，繼續用手抓成均勻
　　的麵糰（圖b）。

4. 將麵糰包入保鮮膜內，冷藏鬆弛約30分鐘
左右。

5. 取麵糰約10g，用手揉成約7公分的長條狀
（圖c）。

6. 烤箱預熱後，以上火170℃、下火150℃烘
烤約20分鐘左右，熄火後繼續用餘溫燜5分
鐘左右。

Tips

▶ 要揉成長條狀時，可先用手稍稍捏長，再放在桌面
上輕輕的滾動即可。

▶ 乾紅辣椒的份量可依個人的嗜辣程度做增減。

義式檸檬圈餅 分量 約22片

材料 ▶ **A.**檸檬糖漿：檸檬1個　柳橙汁25g
　　　　細砂糖60g
　　　B.低筋麵粉180g　泡打粉1/2t　無鹽奶油50g
　　　　全蛋40g

做法 ▶

1.檸檬糖漿：檸檬刨成細絲加柳橙汁及細砂糖，用
　小火邊煮邊攪至細砂糖融化，放涼備用（圖a）。

2.麵粉及泡打粉一起過篩後，與奶油混合用雙手搓
　揉成均勻的鬆散狀（圖b＆圖c）。

3.將檸檬糖漿及全蛋分別加入做法2.中，用橡皮刮
　刀或手拌成均勻的麵糰（圖d＆圖e）。

4.將麵糰包入保鮮膜內，冷藏鬆弛約30分鐘左右。

5.取麵糰約15g，用手揉成約13公分的長條狀，再
　做成圈型。

6.烤箱預熱後，以上火170℃、下火150℃烘烤約
　25分鐘左右，熄火後繼續用餘溫燜10分鐘左右。

Tips

▶ 檸檬糖漿冷卻後即呈濃稠狀。
▶ 需用低溫慢烤才可突顯風味。

楓糖核桃脆餅

材料 ▶ **A.** 蜜核桃：加拿大楓糖50g　金砂糖20g
　　　　　碎核桃60g
　　　　B. 低筋麵粉100g　小蘇打粉1/4t　糖粉15g
　　　　　無鹽奶油25g　全蛋15g

做法 ▶

1. 蜜核桃：加拿大楓糖加金砂糖用小火邊煮邊攪至沸騰（圖a），接著加入碎核桃續煮約1分鐘後至金砂糖融化，放涼備用（圖b）。

2. 低筋麵粉、小蘇打粉及糖粉一起過篩後，加無鹽奶油用手搓揉成鬆散狀。

3. 將蜜核桃及全蛋分別加入做法2.的材料中（圖c），用手先將黏稠的蜜核桃撥散在粉糰中，再抓成均勻的麵糰（圖d）。

4. 取麵糰約15g，用手揉成圓球狀，直接放在烤盤上，壓平呈直徑約3.5公分左右。

5. 烤箱預熱後，以上火170℃、下火150℃烘烤約25分鐘左右，熄火後繼續用餘溫燜10分鐘左右。

Tips

▶ 碎核桃不需事先烘烤。
▶ 煮好的蜜核桃，仍需有少許的糖漿，放涼後會呈黏稠狀，用湯匙攪散即可。
▶ 麵糰不需鬆弛，即可製作。

酒漬櫻桃夾心酥

*

份量 約12片

材料 ▶ 酒漬櫻桃12顆　無鹽奶油70g　糖粉50g
　　　 蛋白15g　香草精1/4t　低筋麵粉100g
　　　 泡打粉1/4t　杏仁粉20g

做法 ▶

1. 酒漬櫻桃瀝乾水份備用。
2. 無鹽奶油放在室溫下軟化後，加入糖粉先用橡皮刮刀攪拌均勻。
3. 分別加入蛋白及香草精，用攪拌機快速打發呈均勻的奶油糊。
4. 一起篩入低筋麵粉及泡打粉後，接著加入杏仁粉，用橡皮刮刀以不規則的方向拌成均勻的麵糰。

5. 將麵糰包入保鮮膜內，冷藏鬆弛約30分鐘左右。
6. 取麵糰約20g，用手揉成圓球狀後做成凹狀（圖a），再填入1顆酒漬櫻桃，最後將麵糰輕輕的收口（圖b）。
7. 烤箱預熱後，以上火180℃、下火160℃烘烤約25分鐘左右，熄火後繼續用餘溫燜5分鐘左右。

Tips

▶ 填入酒漬櫻桃時，需用紙巾再擦乾水份。
▶ 可用浸泡過蘭姆酒的葡萄乾代替酒漬櫻桃。
▶ 麵糰的製作可參見P.46的可可餅乾。

迷迭香全麥酥餅

材料 ▶ 新鮮迷迭香1T（3g） 糖粉50g
　　　低筋麵粉100g 小蘇打粉1/4t
　　　全麥麵粉30g 無鹽奶油75g 蛋白10g

做法 ▶

1. 新鮮迷迭香切碎備用（圖a）。

2. 糖粉、低筋麵粉及小蘇打粉一起過篩後，再
加入全麥麵粉及無鹽奶油用雙手混合搓揉成
均勻的鬆散狀。

3. 分別加入蛋白及新鮮迷迭香，繼續用手抓成
均勻的麵糰。

4. 將麵糰包入保鮮膜內，冷藏鬆弛約30分鐘
左右。

5. 取麵糰約20g，用手揉成圓球狀後，直接放
在烤盤上，壓平呈直徑約5公分左右。

6. 烤箱預熱後，以上火180℃、下火150℃烘
烤約25分鐘左右，熄火後繼續用餘溫燜10
分鐘左右。

Tips

▶ 新鮮迷迭香1T是指去梗
後的葉子淨重。

可可球

份量 約12個

材料 ▶ **A.** 低筋麵粉50g　無糖可可粉20g
　　　　小蘇打粉1/8t　糖粉60g
　　　　無鹽奶油15g　全蛋25g
　　　　白蘭地桔子酒（或蘭姆酒）1T
　　　　B. 裝飾：糖粉30g

做法 ▶

1. 低筋麵粉、無糖可可粉、小蘇打粉及糖粉一起過篩後，與奶油混合用手搓揉成均勻的鬆散狀。

2. 加入白蘭地桔子酒並分次加入全蛋，用手抓成均勻的麵糰。

3. 將麵糰包入保鮮膜內，冷藏鬆弛約30分鐘左右。

4. 取麵糰約15g，用手揉成圓球狀，再沾裹上均勻的糖粉（圖a）。

5. 烤箱預熱後，以上火170℃、下火150℃烘烤約25分鐘左右，熄火後繼續用餘溫燜20分鐘左右。

Tips

▶ 用手揉成圓球狀即可，不需刻意揉的很光滑。

▶ 成品的裂紋是正常現象。

肉桂糖餅乾

材料 ▶ 粗砂糖50g　肉桂粉2t　無鹽奶油80g
　　　糖粉60g　全蛋50g　低筋麵粉200g
　　　泡打粉1/2t　杏仁粉20g

做法 ▶

1. 粗砂糖加肉桂粉混合均勻成肉桂砂糖備用
（圖a）。

2. 無鹽奶油放在室溫下軟化後，加入糖粉先用
橡皮刮刀攪拌均勻，再用攪拌機攪打均勻。

3. 分次加入全蛋，用攪拌機快速打發呈均勻的
奶油糊。

4. 一起篩入低筋麵粉及泡打粉後，接著加入杏
仁粉及做法1.的肉桂砂糖，用手抓成均勻的
麵糰狀。

5. 將麵糰包入保鮮膜內，冷藏鬆弛約30分鐘
左右。

6. 取麵糰約20g，用手揉成圓球狀，直接放在
烤盤上，壓平呈直徑約3.5公分左右。

7. 烤箱預熱後，以上火170℃、下火150℃烘
烤約25分鐘左右，熄火後繼續用餘溫燜10
分鐘左右。

Tips

▶ 咀嚼時有明顯的顆粒
口感，是其特色。

▶ 肉桂粉可依個人的口
味，將份量增減。

麥片脆餅

份量 約17片

材料 ▶ 金砂糖50g　無鹽奶油50g　即食燕麥片50g　全蛋25g
　　　 低筋麵粉50g　泡打粉1/2t　糖粉25g

做法 ▶

1. 金砂糖加無鹽奶油用小火邊煮邊慢慢的攪拌至奶油融化，熄火後加入即食燕麥片。

2. 做法1.的材料放涼後，加入全蛋用打蛋器拌勻。

3. 一起篩入麵粉、泡打粉及糖粉，用橡皮刮刀以不規則方向拌成均勻的麵糰。

4. 將麵糰包入保鮮膜內，冷藏鬆弛約30分鐘左右。

5. 取麵糰約15g，用手揉成圓球狀，直接放在烤盤上，壓平呈直徑約3.5公分左右。

6. 烤箱預熱後，以上火170℃、下火150℃烘烤約25分鐘左右，熄火後繼續用餘溫燜10分鐘左右。

Tips

▶ 做法1.的無鹽奶油融化，而金砂糖尚未融化，即可熄火加入即食燕麥片。

▶ 麵糰的製作與塑形可參見P.46的可可餅乾的圖。

丁香杏仁片雪球

份量 約25個

材料 ▶ 杏仁片50g　無鹽奶油90g　糖粉50g　低筋麵粉150g
丁香粉1/2t

做法 ▶

1. 烤箱預熱後，先將杏仁片以上、下火各150℃烘烤約10分鐘左右，放涼切碎備用。

2. 無鹽奶油放在室溫下軟化後，加入糖粉先用橡皮刮刀攪拌均勻，再用攪拌機快速打發呈均勻的奶油糊。

3. 一起篩入低筋麵粉及丁香粉後，用橡皮刮刀稍微拌合後，即可加入杏仁片，用手抓成均勻的麵糰。

4. 取麵糰約15g，用手揉成圓球狀。

5. 烤箱預熱後，以上火170℃、下火150℃烘烤約25分鐘左右，熄火後繼續用餘溫燜10分鐘左右。

Tips

▶ 依個人喜好，可用其他的香料代替丁香粉。

▶ 杏仁片盡量切碎，塑形時才不易裂開。

▶ 麵糰的製作可參見P.46的可可餅乾。

Tips

▶ 做法1.的即溶咖啡粉可不
  需完全融化。

▶ 焦糖霜飾未完全冷卻，較
  容易淋在餅乾表面，如冷
  卻過久即呈濃稠狀或凝
  固，可用小火加熱即恢復
  流動狀態。

▶ 麵糰的製作與塑形可參見
  P.46的可可餅乾。

焦糖摩卡餅乾

份量 約16片

材料 ▶ **A.** 即溶咖啡粉3t 水1/2t
　　　　無鹽奶油100g　金砂糖60g
　　　　低筋麵粉100g　玉米粉50g
　　　　小蘇打粉1/2t　無糖可可粉1t
　　　B. 焦糖霜飾：細砂糖60g　水4t

做法 ▶

1. 即溶咖啡粉加水攪拌均勻呈咖啡糊備用。

2. 無鹽奶油放在室溫下軟化後，加入金砂糖用
  攪拌機攪拌均勻，再加入咖啡糊繼續用攪拌
  機快速打發呈均勻的奶油糊。

3. 一起篩入低筋麵粉、玉米粉及小蘇打粉及無
  糖可可粉，用橡皮刮刀以不規則的方向拌成
  均勻的麵糰。

4. 將麵糰包入保鮮膜內，冷藏鬆弛約30分鐘
  左右。

5. 取麵糰約20g，用手輕輕的揉成圓球狀，直
  接放在烤盤上，壓平呈直徑約5公分左右。

6. 烤箱預熱後，以上火170℃、下火150℃烘
  烤約25分鐘左右，熄火後繼續用餘溫燜10
  分鐘左右。

7. 焦糖霜飾：細砂糖加水2t用小火煮至焦糖
  色，熄火後後慢慢加入水2t，再用木匙或湯
  匙攪勻，稍降溫即可淋在餅乾表面。

蜂蜜麻花捲

材料 ▶ **A.**無鹽奶油20g　蜂蜜30g　糖粉15g
　　　　全蛋20g　低筋麵粉100g
　　　　泡打粉1/4t
　　　B.裝飾：蛋白20g

做法 ▶

1.無鹽奶油放在室溫下軟化後，加入蜂蜜及糖粉先用橡皮刮刀攪拌均勻，再用攪拌機攪打均勻。

2.分次加入全蛋，繼續用攪拌機快速打發呈均勻的奶油糊。

3.一起篩入低筋麵粉及泡打粉，用橡皮刮刀以不規則的方向拌成均勻的麵糰。

4.取麵糰約5g，用手揉成約10公分的長條狀，捲成麻花狀放在烤盤上（圖a），再刷上均勻的蛋白。

5.烤箱預熱後，以上火170℃、下火150℃烘烤約15分鐘左右，再以上、下火各150℃烘烤約10分鐘左右。

Tips

▶ 麵糰不需鬆弛，可直接塑形。

▶ 麻花捲的大小，可依個人喜好改變。

▶ 麵糰的製作可參見P.46的可可餅乾。

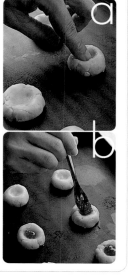

香橙果醬酥餅

份量 約20片

材料 ▶ **A.**杏仁片50g　無鹽奶油80g　糖粉35g
　　　蛋黃1個　香吉士1個　低筋麵粉120g
　　　泡打粉1/4t　蛋白15g
　　B.內餡：柳橙果醬10g

做法 ▶

1.烤箱預熱後，先將杏仁片以上、下火各150
　℃烘烤10分鐘左右，放涼切碎備用。

2.無鹽奶油放在室溫下軟化後，加入糖粉先用
　橡皮刮刀攪拌均勻，再用攪拌機攪打均勻。

3.加入蛋黃後，接著刨入香吉士皮屑，用攪拌
　機快速打發呈均勻的奶油糊。

4.一起篩入麵粉及泡打粉，用橡皮刮刀稍微拌
　合，即可加入杏仁片，繼續用手抓成均勻的
　麵糰。

5.將麵糰包入保鮮膜內，冷藏鬆弛約30分鐘
　左右。

6.取麵糰約15g，用手輕輕的揉成圓球狀，直
　接放在烤盤上，用手在中心處壓成凹狀（圖
　a），並刷上均勻的蛋白。

7.用小湯匙舀適量的柳橙果醬，填在麵糰凹處
　（圖b）。

8.烤箱預熱後，以上火170℃、下火150℃烘
　烤約25分鐘左右，熄火後繼續用餘溫燜10
　分鐘左右。

T i p s
▶ 杏仁片盡量切碎，塑形時才不易裂開。
▶ 內餡可依個人取得的方便性更換。

桃酥

分量 約12片

材料 ▶ **A.**低筋麵粉130g　糖粉70g
　　　　小蘇打粉1/4t　泡打粉1/4t　鹽1/4t
　　　　白油75g　全蛋30g　核桃30g
　　　B.裝飾：全蛋1個

做法 ▶

1.烤箱預熱後，先將一半的低筋麵粉（65g），以上、下火各180℃烘烤約15分鐘左右，放涼備用。

2.糖粉、低筋麵粉（包括做法1.的低筋麵粉）、小蘇打粉及泡打粉一起過篩。

3.分別加入鹽及白油，用雙手搓揉成均勻的鬆散狀，最後加入全蛋繼續用手抓成均勻的麵糰。

4.將麵糰包入保鮮膜內，放在室溫下鬆弛約30分鐘左右。

5.取麵糰約25g，用手揉成圓球狀後，直接放在烤盤上。

6.用手輕壓麵糰表面呈凹狀，並刷上均勻的全蛋液，再放上1/2粒的核桃。

7.烤箱預熱後，以上火180℃、下火160℃烘烤約25分鐘左右，熄火後繼續用餘溫燜10分鐘左右。

Tips

▶ 改良式的桃酥，以小蘇打代替阿摩尼亞，產生蓬鬆酥脆的效果。

▶ 核桃不需事先烤過。

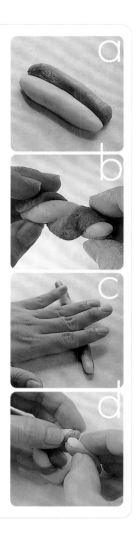

雙色圈餅

份量 約25個

材料 ▶ 糖粉60g　白油50g　蛋白25g
　　　低筋麵粉100g　泡打粉1/2t
　　　玉米粉1t　抹茶粉1t

做法 ▶

1. 糖粉加白油先用橡皮刮刀攪拌均勻，再用攪拌機攪打均勻。

2. 加入蛋白，繼續用攪拌機快速打發呈均勻的糊狀。

3. 一起篩入低筋麵粉及泡打粉，用橡皮刮刀以不規則的方向拌成均勻的麵糰。

4. 麵糰分成兩等份，分別加入玉米粉及抹茶粉呈兩種顏色的麵糰。

5. 將麵糰包入保鮮膜內，冷藏鬆弛約30分鐘左右。

6. 各取5g麵糰，分別用手搓成約5公分長條狀。

7. 將兩色麵糰合併（圖a），並以相反方向輕輕捲起（圖b），接著放在桌面上輕輕向前推長約12公分（圖c），最後將兩端黏緊成圈狀（圖d）。

8. 烤箱預熱後，以上、下火各150℃烘烤約20分鐘左右，熄火後繼續用餘溫燜5分鐘左右。

Tips

▶ 兩色麵糰合併捲起時，如稍有斷裂現象時，放在桌面上往前輕輕滾動後即會改善。

▶ 以低溫慢烤方式烘烤成品，才可保持原色外觀。

蘭姆葡萄酥

材料 ▶ 葡萄乾40g 蘭姆酒1T 無鹽奶油70g
糖粉35g 低筋麵粉100g 泡打粉1/4t
杏仁粉10g

做法 ▶

1. 葡萄乾切碎後，加蘭姆酒浸泡約10分鐘成
蘭姆葡萄乾備用。

2. 無鹽奶油放在室溫下軟化後，加入糖粉先用
橡皮刮刀攪拌均勻，再用攪拌機快速打發呈
均勻的奶油糊。

3. 一起篩入低筋麵粉及泡打粉後，接著加入杏
仁粉用橡皮刮刀稍微拌合，即可加入做法1.
的蘭姆葡萄乾，用橡皮刮刀以不規則的方向
拌成均勻的麵糰。

4. 將麵糰包入保鮮膜內，冷藏鬆弛約30分鐘
左右。

5. 取麵糰約10g，用手揉成圓球狀。

6. 烤箱預熱後，以上火170℃、下火150℃烘
烤約25分鐘左右，熄火後繼續用餘溫燜10
分鐘左右。

Tips
▶ 也可利用料理機絞碎葡萄乾。
▶ 麵糰的製作細節可參見P.46的可可餅乾。

早餐餅乾 份量 約25片

材料 ▶ 無鹽奶油60g　糖粉100g　香草精1/2t
　　　　鹽1/4t　全蛋60g　低筋麵粉250g
　　　　小蘇打粉1/2t
　　　　綜合麥片（Cereal）150g

做法 ▶

1. 無鹽奶油放在室溫下軟化後，加入糖粉，先用橡皮刮刀攪拌均勻，再用攪拌機攪打均勻。

2. 分別加入香草精及鹽，並分次加入全蛋，繼續用攪拌機快速打發呈均勻的奶油糊。

3. 一起篩入麵粉及小蘇打粉，用橡皮刮刀稍微拌合後，即可加入綜合燕麥片，用手抓成均勻的麵糰。

4. 取麵糰約25g，用手輕輕的揉成圓球狀，直接放在烤盤上，壓平呈直徑約5公分左右。

5. 烤箱預熱後，以上火170℃、下火150℃烘烤約25分鐘左右，熄火後繼續用餘溫燜10分鐘左右。

Tips

▶ 麵糰不需冷藏鬆弛，即可製作。

▶ 綜合麥片的份量多，所以麵糰易呈鬆散狀，塑形時先用手掌將麵糰捏緊後，輕輕的揉成圓球狀再壓平。

▶ 奶油糊的製作可參見P.46的可可餅乾。

幸運圈餅

份量 約11個

材料 ▶ **A.**糖粉50g　低筋麵粉100g
　　　　泡打粉1/4t　鹽1/4t　白油40g
　　　　蛋白25g　深糖蜜10g
　　　　B.裝飾：蛋白15g　粗砂糖20g

做法 ▶

1.糖粉、低筋麵粉、泡打粉及鹽一起過篩後，
　與白油混合用手搓揉成均勻的鬆散狀。

2.分別加入蛋白及深糖蜜，用手抓成均勻的麵
　糰（圖a）。

3.將麵糰包入保鮮膜內，放在室溫下鬆弛約20
　分鐘左右。

4.取麵糰約20g，放在桌面上輕輕的搓成長約
　25公分的長條狀（圖b），再用手將麵糰兩端
　向內彎（圖c），交叉後黏在麵糰上（圖d）。

5.在麵糰表面刷上均勻的蛋白，並撒上均勻的
　粗砂糖。

6.烤箱預熱後，以上火180℃、下火150℃烘
　烤約25分鐘左右，熄火後繼續用餘溫燜15分
　鐘左右。

Tips

▶ 混合麵糰時，可用手多搓揉產生筋性，以避免塑
形時斷裂。

▶ 裝飾用的粗砂糖，可用其他切碎並烤熟過的堅果
代替。

椰子奶油球

份量 約17個

材料 ▶ 無鹽奶油75g 糖粉50g 香草精1/4t
低筋麵粉100g 玉米粉10g 椰子粉20g

做法 ▶

1. 無鹽奶油放在室溫下軟化後,加入糖粉及香草精先用橡皮刮刀攪拌均勻,再用攪拌機快速打發呈均勻的奶油糊。

2. 一起篩入低筋麵粉及玉米粉後,用橡皮刮刀稍微拌合後,即可加入椰子粉,用手抓成均勻的麵糰。

3. 將麵糰包入保鮮膜內,冷藏鬆弛約30分鐘左右。

4. 取麵糰約15g,用手揉成圓球狀。

5. 烤箱預熱後,以上火170℃、下火150℃烘烤約25分鐘左右,熄火後繼續用餘溫燜10分鐘左右。

Tips

▶ 以低溫慢烤方式烘烤成品,才可保持風味。

▶ 麵糰的製作可參見P.46的可可餅乾。

奶茶香酥餅乾

材料 ▶ 紅茶2小包　牛奶2T　無鹽奶油140g
　　　細砂糖80g　鹽1/2t　低筋麵粉240g
　　　小蘇打粉1/2t

做法 ▶

1. 取出紅茶包內的茶葉（圖a），加牛奶浸泡約
   30分鐘左右備用（圖b）。

2. 無鹽奶油放在室溫下軟化後，加入細砂糖及
   鹽用攪拌機攪拌均勻，再加入做法1.的茶汁
   與茶葉繼續用攪拌機快速打發呈均勻的奶油
   糊。

3. 一起篩入麵粉及小蘇打粉，用橡皮刮刀以不
   規則的方向拌成均勻的麵糰。

4. 將麵糰包入保鮮膜內，冷藏鬆弛約30分鐘
   左右。

5. 取麵糰約20g，用手揉成圓球狀，直接放在
   烤盤上，壓平呈直徑約5公分左右。

6. 烤箱預熱後，以上火180℃、下火150℃烘
   烤約25分鐘左右，熄火後繼續用餘溫燜10
   分鐘左右。

Tips

▶ 紅茶的份量可依個人的口感做增減，但牛奶的份量
　不變。

▶ 伯爵紅茶可用其他的品種替換。

▶ 麵糰的製作與塑形可參見P.46的可可餅乾。

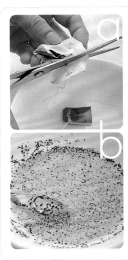

咖啡新月餅乾

份量 約30片

材料 ▶ **A.**即溶咖啡粉5t　水1t　無鹽奶油90g
　　　　糖粉50g　低筋麵粉100g　杏仁粉50g
　　　 B.裝飾:糖粉60g

做法 ▶

1.即溶咖啡粉加水攪拌均勻呈咖啡糊備用。

2.無鹽奶油放在室溫下軟化後,加入糖粉先用
橡皮刮刀攪拌均勻,再用攪拌機攪打均勻。

3.加入做法1.的咖啡糊,繼續用攪拌機快速打
發呈均勻的奶油糊。

4.篩入麵粉後,接著加入杏仁粉,用橡皮刮刀
以不規則的方向拌成均勻的麵糰。

5.將麵糰包入保鮮膜內,冷藏鬆弛約30分鐘
左右。

6.取麵糰約10g,用手揉成約8公分的長條
狀,再做彎曲造型。

7.烤箱預熱後,以上火170℃、下火150℃烘
烤約25分鐘左右,熄火後繼續用餘溫燜10
分鐘左右。

8.放涼後,裹上均勻的糖粉。

分量 約26片

材料 ▶ **A.** 無鹽奶油50g 糖粉40g 楓糖50g
低筋麵粉120g 小蘇打粉1/2t
杏仁角25g

B. 夾心餡：無鹽奶油 60g 楓糖20g

做法 ▶

1. 無鹽奶油放在室溫下軟化後，加入糖粉先用橡皮刮刀攪拌均勻。

2. 加入楓糖，用攪拌機快速打發呈均勻的奶油糊。

3. 一起篩入麵粉及小蘇打粉，用橡皮刮刀以不規則方向拌成均勻的麵糰。

4. 將麵糰包入保鮮膜內，冷藏鬆弛約30分鐘左右。

5. 取麵糰約10g，用手揉成圓球狀後，沾裹上均勻的杏仁角，放在烤盤上再用手壓成直徑約5公分的圓片狀。

6. 烤箱預熱後，以上火180℃、下火160℃烘烤約25分鐘左右，熄火後繼續用餘溫燜10分鐘左右。

7. 夾心餡：無鹽奶油放在室溫下軟化後，加入楓糖用打蛋器攪拌均勻呈光滑狀，抹在餅乾表面再蓋上另一片餅乾即可。

Tips

▶ 沾裹杏仁角的麵糰只需單面即可。

▶ 成品勿太厚，夾心後的口感較好。

▶ 麵糰的製作與塑形可參見P.46的可可餅乾。

杏仁豆小西餅

份量 約35個

材料 ▶ 無鹽奶油100g 糖粉50g 鹽1/4t
香草精1/4t 全蛋30g 低筋麵粉150g
奶粉25g 泡打粉1/4t 蛋白15g 杏仁豆35粒

做法 ▶

1. 無無鹽奶油放在室溫下軟化後，加入糖粉及鹽先
用橡皮刮刀攪拌均勻，再用攪拌機攪打均勻。

2. 加入香草精並分次加入全蛋，繼續用攪拌機快速
打發呈均勻的奶油糊。

3. 一起篩入低筋麵粉、奶粉及泡打粉，用橡皮刮刀
以不規則的方向拌成均勻的麵糰。

4. 將麵糰包入保鮮膜內，冷藏鬆弛約30分鐘左右。

5. 取麵糰約10g，用手揉成圓球狀後，直接放在烤
盤上，並刷上均勻的蛋白（圖a），再放上1粒杏仁
豆（圖b）。

6. 烤箱預熱後，以上火180℃、下火150℃烘烤約25
分鐘左右，熄火後繼續用餘溫燜10分鐘左右。

Tips

▶ 杏仁豆也可用其他堅果代替，不需事先烘烤。
▶ 麵糰的製作可參見P.46的可可餅乾。

Part 3

切 割 餅 乾

Cut

完成後的麵糰，必須經過冷藏或冷凍凝固，才可利用刀切或刻模做造型，即俗稱的「冰箱餅乾」，緊密的組織造就了最酥脆的口感，成品的硬度高，保存期限較長。

＊ 製作的特色：可直接用手將濕性與乾性材料混合成糰。

＊ 生料的類別：硬性麵糰，屬於最乾的一種。

＊ 塑形的工具：刀子或刻模（餅乾刻模的造型，可隨個人取得的方便性製作）。

＊ 掌握的重點：1.麵糰無論是冷藏或冷凍，只要凝固即可不可變硬，否則不易切割。

2.如麵糰經冷凍後變硬，使用前需先放在冷藏室慢慢回軟。

3.麵糰的厚度以0.5～1公分為宜。

Tips

▶ 糖粉與無鹽奶油用機器攪打前，需先用橡皮刮刀拌合均勻，以免直接使用攪拌機攪打使糖粉飛散。

▶ 用蛋糕紙包裹圓柱體麵糰，較容易定型，如無法取得蛋糕紙也可用保鮮膜。

▶ 拌合麵糰時直接用手操作也很方便。

▶ 麵糰包好後，放在桌面用手輕輕滾動，可使麵糰容易塑成均勻的圓柱體。

▶ 也可將麵糰放在冷凍庫約1小時待凝固，但不可變硬，否則不易切割。

▶ 麵糰切割後，四周如呈鬆散狀，再用手稍微整形一下（圖i）。

原味冰箱餅乾

份量 約25片

材料 ▶ 無鹽奶油85g　糖粉70g　香草精1/2t
全蛋30g　低筋麵粉150g　奶粉20g
泡打粉1/2t

做法 ▶

1. 無鹽奶油放在室溫下軟化後，加入糖粉先用橡皮刮刀攪拌均勻（圖a），再用攪拌機攪打均勻。

2. 加入香草精並分次加入全蛋（圖b），繼續用攪拌機快速打發呈均勻的奶油糊（圖c）。

3. 一起篩入麵粉、奶粉及泡打粉，用橡皮刮刀以不規則的方向拌成均勻的麵糰（圖d＆圖e）。

4. 將麵糰放在保鮮膜上，用手整形（圖f）成直徑約4公分的圓柱體（圖g），再用蛋糕紙包好冷藏約3小時待凝固。

5. 用刀切割厚約1公分的圓片狀（圖h）。

6. 烤箱預熱後，以上火180℃、下火160℃烘烤約25分鐘左右，熄火後繼續用餘溫燜10分鐘即可。

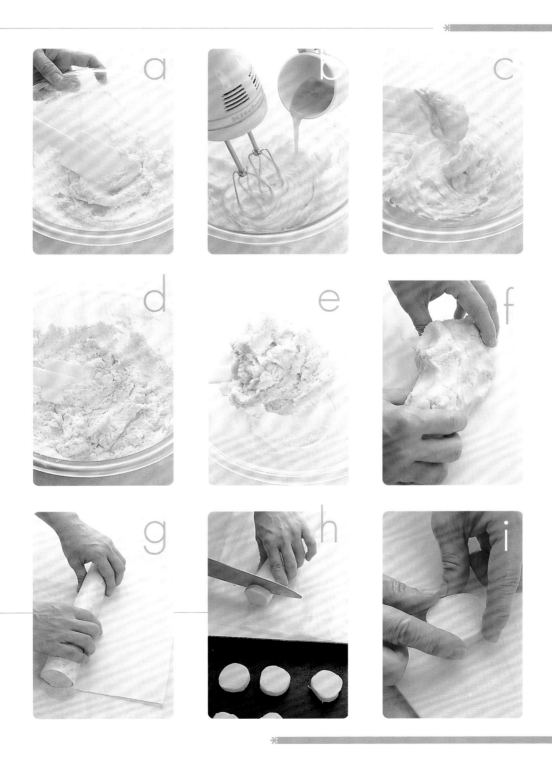

牛奶格子餅

份量 ▶ 約100片

材料 ▶ **A.**無鹽奶油50g　糖粉80g　香草精1/4t
　　　　 牛奶50g　低筋麵粉170g　小蘇打粉1/4t
　　　 B.裝飾：蛋白15g

做法 ▶

1.無鹽奶油放在室溫下軟化後，加入糖粉先用橡皮
　 刮刀攪拌均勻，再用攪拌機攪打均勻。

2.加入香草精，再分次加入牛奶，用攪拌機快速打
　 發呈液態的奶油糊（圖a）。

3.一起篩入麵粉及小蘇打粉，用手抓成均勻的麵
　 糰。

4.將麵糰放在保鮮膜上，先用手將麵糰推開呈長方
　 形（圖 b），再用擀麵棍擀成長約18公分、寬約
　 15公分的片狀，冷藏約2小時左右待凝固。

5.將麵糰表面刷上均勻的蛋白，再切割成約1.5公
　 分的正方形（圖c）。

6.烤箱預熱後，以上火170℃、下火160℃烘烤約
　 25分鐘左右。

Tips

▶ 擀麵糰前，可先用手將麵糰推開成長方形再使用擀麵
　 棍，同時可利用大刮板固定在四周，較容易控制長與寬
　 （圖d）。

▶ 切割形狀前，先將麵糰四周不整齊部分切割。

▶ 也可將麵糰放在冷凍庫約30分鐘待凝固，但不可變硬，
　 否則不易切割。

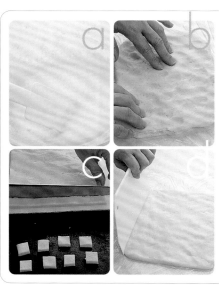

可可捲心酥餅

約15片

材料 ▶ 無鹽奶油90g 細砂糖65g 蛋白20g
低筋麵粉180g 泡打粉1/4t 杏仁粉15g
無糖可可粉2t

做法 ▶

1. 無鹽奶油放在室溫下軟化後,加入細砂糖用攪拌機攪拌均勻。

2. 分次加入蛋白,用攪拌機快速打發呈均勻的奶油糊。

3. 一起篩入麵粉及泡打粉,接著加入杏仁粉,用手抓成均勻的麵糰。

4. 將麵糰分成兩等份,其中一份放在保鮮膜上,先用手將麵糰推開呈長方形,再用擀麵棍擀成長約23公分、寬約18公分的片狀。

5. 另一份麵糰加入無糖可可粉,並用手搓揉均勻成可可麵糰,同樣放在保鮮膜上,先用手將麵糰推開呈長方形,再用擀麵棍擀成長約23公分、寬約18公分的片狀。

6. 將做法5.的可可麵糰直接蓋在做法4.的麵糰表面(圖a),撕掉保鮮膜後(圖b),先用手輕壓整形,再將保鮮膜拉起,輕輕的捲起麵糰(圖c),並用保鮮膜包好,冷藏約3小時左右待凝固。

7. 將麵糰切割成厚約1公分的圓片狀。

8. 烤箱預熱後,以上火170℃、下火160℃烘烤約25分鐘左右,熄火後繼續用餘溫燜10分鐘即可。

Tips

▶ 可先將一端不整齊的麵糰部分切掉再捲起。

▶ 麵糰捲好用保鮮膜包好後,放在桌面用手輕輕滾動,可使麵糰容易塑成均勻的圓柱體。

▶ 也可將麵糰放在冷凍庫約1小時待凝固,但不可變硬,否則不易切割。

▶ 打發奶油糊可參見P.74的原味冰箱餅乾。

焦糖蛋黃酥餅

份量 約24片

材料 ▶ **A.**低筋麵粉100g 糖粉50g 鹽1/4t
　　　無鹽奶油60g 香草精1/2t 蛋黃20g
　　B.焦糖液：細砂糖50g 水3T

做法 ▶

1.焦糖液：細砂糖加水1T用小火煮至焦糖色，
熄火後再慢慢加入水2T，用湯匙攪勻，放涼
備用（圖a）。

2.低筋麵粉加糖粉一起過篩後，再分別加入鹽
及無鹽奶油，用手搓揉成均勻的鬆散狀。

3.分別加入香草精及蛋黃，繼續用手抓成均勻
的麵糰。

4.將麵糰放在保鮮膜上，用擀麵棍擀成厚約
0.5公分的片狀，冷藏約2小時左右待凝固。

5.用直徑約4公分的刻模在麵糰上切割造型，
並刷上均勻的焦糖液（圖b）。

6.烤箱預熱後，以上火170℃、下火160℃烘
烤約25分鐘左右，熄火後繼續用餘溫燜10
分鐘即可。

T i p s

▶ 放涼後的焦糖液呈濃稠狀。

▶ 也可將麵糰放在冷凍庫約30分鐘左右待凝固，但不
可變硬，否則不易切割。

▶ 擀麵糰時，蓋上1張保鮮膜較好操作。

▶ 將餅乾刻模沾上少許的麵粉，切割時才不易沾黏麵
糰。

起士條

分量 約15條

材料 ▶ 低筋麵粉120g 帕米善起士粉10g
無鹽奶油50g 切達起士20g（1片）
冷水20g 蛋白1個 白芝麻50g

做法 ▶

1. 低筋麵粉過篩後，與帕米善起士粉及無鹽奶油一起用手搓揉成均勻的鬆散狀。

2. 切達起士用手撕成小塊後（圖a），與冷水分別加入做法1.的材料中（圖b），繼續用手抓成均勻的麵糰狀。

3. 將麵糰放在保鮮膜上，先用手將麵糰推開呈長方形，再用擀麵棍擀成長約20公分、寬約18公分的片狀，冷藏約2小時左右待凝固。

4. 將麵糰切割成長約15公分、寬約1.5公分的長條狀，並在麵糰表面刷上均勻的蛋白，再沾裹上均勻的白芝麻（圖c），直接放在烤盤上再將麵糰兩端扭起。

5. 烤箱預熱後，以上火180℃、下火160℃烘烤約25分鐘左右，熄火後繼續用餘溫燜10分鐘即可。

Tips

▶ 也可將麵糰放在冷凍庫約30分鐘左右待凝固，但不可變硬，否則不易切割。

▶ 白芝麻不需事先烤過，沾裹在麵糰上需用手輕壓才不易脫落。

▶ 擀麵糰的方式可參見P.76牛奶格子餅的Tips。

蔓越莓酥餅

約38片

材料 ▶ 蔓越莓乾35g 杏仁片35g
低筋麵粉100g 泡打粉1/4t
糖粉35g 杏仁粉15g 玉米粉15g
白油50g 蛋白25g

做法 ▶

1. 蔓越莓乾及杏仁片用料理機一起絞碎備用（圖a）。

2. 低筋麵粉、泡打粉及糖粉一起過篩後，再加入杏仁粉、玉米粉及白油，用手搓揉成均勻的鬆散狀（圖b）。

3. 分別加入蛋白及做法1.的蔓越莓乾與杏仁片，繼續用手抓成均勻的麵糰（圖c）。

4. 將麵糰放在保鮮膜上，並在麵糰表面再蓋上1張保鮮膜，用擀麵棍擀成厚約0.5公的片狀（圖d）。

5. 將麵糰冷藏約2小時左右待凝固，再用長度約3.5公分的餅乾刻模切割造型（圖e）。

6. 烤箱預熱後，以上火180℃、下火160℃烘烤約20分鐘左右，熄火後繼續用餘溫燜5分鐘即可。

Tips

▶ 擀麵糰時，蓋上1張保鮮膜較好操作。

▶ 如無法使用料理機，即將蔓越莓乾盡量切碎。

▶ 也可將麵糰放在冷凍庫約30分鐘左右待凝固，但不可變硬，否則不易切割。

芝麻如意餅乾

份量 約30片

材料 ▶ **A.**無鹽奶油60g 糖粉40g 蛋白25g
香草精1/4t 低筋麵粉150g
泡打粉1/4t 玉米粉10g
B.內餡：黑芝麻粉15g 糖粉15g

做法 ▶

1. 內餡：黑芝麻粉加糖粉混合均勻備用。

2. 無鹽奶油放在室溫下軟化後，加入糖粉先
用橡皮刮刀拌勻，再用攪拌機攪打均勻，
再分別加入蛋白及香草精，用攪拌機快速
打發呈均勻的奶油糊。

3. 一起篩入麵粉、泡打粉及玉米粉，用橡皮
刮刀以不規則的方向拌成均勻的麵糰。

4. 將麵糰包在保鮮膜內，先用手將麵糰推開
呈長方形，再用擀麵棍擀成長約30公分、
寬約20公分的片狀。

5. 內餡均勻鋪在麵糰表面（圖a）用手壓緊。

6. 用手拉起保鮮膜，輕輕捲起麵糰至1/2處，
接著再從另一端做相同的捲麵糰的動作
（圖b），即呈相連的兩個圈狀（圖c）。

7. 捲好的麵糰包在保鮮膜內，冷藏約2小時凝
固後，再切割成厚約0.8公分的片狀。

8. 烤箱預熱後，以上火180℃、下火160℃烘
烤約20分鐘左右，熄火後繼續用餘溫燜10
分鐘即可。

Tips

▶ 麵糰的製作細節可參見P.74的原味冰箱餅乾。

▶ 麵糰推擀呈長方形時，可用大刮板切掉四周不平
整的麵糰（圖d）。

▶ 也可將麵糰放在冷凍庫約30分鐘左右待凝固，但
不可變硬，否則不易切割。

咖哩蘇打餅乾 份量 約24片

材料 ▶ **A.**低筋麵粉150g 糖粉35g 小蘇打粉1/4t 咖哩粉10g
無鹽奶油50g 牛奶1T 蛋白30g 黑芝麻1T
B.裝飾：蛋白15g 白芝麻1T

做法 ▶

1.低筋麵粉、糖粉、小蘇打粉及咖哩粉一起過篩後，再加入奶油用手搓揉成鬆散狀。

2.分別加入牛奶、蛋白及黑芝麻，繼續用手抓成均勻的麵糰狀。

3.將麵糰放在保鮮膜上，先用手將麵糰推開呈長方形，用擀麵棍擀成長約26公分、寬約21公分的片狀，冷藏約2小時左右待凝固。

4.在麵糰表面刷上均勻的蛋白，並撒上均勻的白芝麻，將麵糰切割成24片。

5.烤箱預熱後，以上火170℃、下火160℃烘烤約25分鐘左右。

Tips

▶ 也可將麵糰放在冷凍庫約30分鐘左右待凝固，但不可變硬，否則不易切割。

▶ 撒上白芝麻後，用手輕壓才不易脫落。

▶ 白芝麻不需事先烤過。

▶ 擀麵糰的方式可參見P.76牛奶格子餅的Tips。

九層塔夾心酥

份量 約22片

材料 ▶ **A.** 無鹽奶油90g 細砂糖30g 鹽1/4t 香草精1/4 全蛋35g 低筋麵粉200g 泡打粉1/2t

B. 夾心餡：九層塔20g 橄欖油2t 鹽1/2t 黑胡椒1/4t

做法 ▶

1. 夾心餡：九層塔洗淨後擦乾水份，加橄欖油、鹽及黑胡椒，用料理機攪打均勻備用。

2. 無鹽奶油放在室溫下軟化後，加入細砂糖用攪拌機攪拌均勻。

3. 加入鹽及香草精並分次加入全蛋，用攪拌機快速打發呈均勻的奶油糊。

4. 一起篩入麵粉及泡打粉，用手抓成均勻的麵糰。

5. 將麵糰分成兩等份，分別放在保鮮膜上，先用手將麵糰推開呈長方形，再用擀麵棍擀成長約25公分、寬約20公分的片狀。

6. 將夾心餡均勻的鋪在其中一份麵糰表面（圖a）。

7. 將另一份麵糰蓋在夾心餡的表面，撕掉保鮮膜後，再用手輕輕的壓緊兩片麵糰（圖b），冷藏約2小時左右待凝固。

8. 將麵糰切割成長約9公分、寬約1.5公分的長條狀，直接放在烤盤上再將麵糰兩端扭起（圖c＆圖d）。

9. 烤箱預熱後，以上火170℃、下火160℃烘烤約25分鐘左右，熄火後繼續用餘溫燜10分鐘即可。

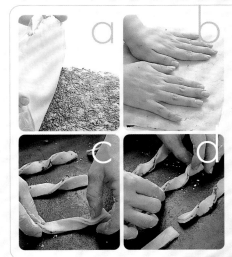

Tips

▶ 也可將麵糰放在冷凍庫約30分鐘左右待凝固，但不可變硬，否則不易切割。

▶ 麵糰切割或整形時，可沾少許的手粉並用手稍黏合，也可省略造型，長條狀即可烘烤。

香料餅乾

份量 約25片

材料 ▶ 無鹽奶油30g 金砂糖25g 鹽1/4t
糖蜜20g 全蛋30g 低筋麵粉150g
小蘇打粉1/4t 蛋白15g
肉桂粉、薑粉、丁香粉各1/4t

做法 ▶

1. 無鹽奶油放在室溫下軟化後，分別加入金砂糖及鹽用攪拌機攪拌均勻。

2. 加入糖蜜並分次加入全蛋，用攪拌機快速打發呈均勻的奶油糊。

3. 一起篩入麵粉、小蘇打粉、肉桂粉、薑粉及丁香粉，用手抓成均勻的麵糰。

4. 將麵糰放在保鮮膜上，用擀麵棍擀成厚約0.5公的片狀。

5. 將麵糰冷藏約2小時左右待凝固，再用星形餅乾刻模刻出造型，並刷上均勻的蛋白。

6. 烤箱預熱後，以上火180℃、下火160℃烘烤約25分鐘左右，熄火後繼續用餘溫燜10分鐘即可。

Tips

▶ 打發奶油糊的細節可參見P.74的原味冰箱餅乾。

▶ 擀麵糰時，蓋上1張保鮮膜較好操作。

▶ 也可將麵糰放在冷凍庫約30分鐘左右待凝固，但不可變硬，否則不易切割。

▶ 將餅乾刻模沾上少許的麵粉，切割時才不易沾黏麵糰。

海苔蘇打餅乾

分量 約24片

材料 ▶ **A.**低筋麵粉100g 小蘇打粉1/8t
　　　　糖粉20g 鹽1/4t 白油30g 蛋白30g
　　　　熟的白芝麻10g 海苔2g
　　　B.蛋白15g 粗鹽少許

做法 ▶

1.低筋麵粉、小蘇打粉及糖粉混合過篩後，再
分別加入鹽及白油用手搓揉成均勻的鬆散
狀。

2.分別加入蛋白及熟的白芝麻繼續用手稍微混
合，即可加入撕碎後的海苔，繼續用手抓成
均勻的麵糰。

3.將麵糰包在保鮮膜內，先用手將麵糰推開呈
長方形，再用擀麵棍擀成長約22公分、寬
約16公分的片狀，冷藏約2小時左右待凝
固。

4.在麵糰表面刷上均勻的蛋白，並撒上均勻的
粗鹽，將麵糰切割成24片。

5.烤箱預熱後，以上火170℃、下火160℃烘
烤約25分鐘左右。

Tips
▶ 也可將麵糰放在冷凍庫約30分鐘左右待凝固，但不
可變硬，否則不易切割。
▶ 擀麵糰的方式可參見P.76牛奶格子餅的Tips。

開心果蜂蜜脆餅

份量 約26個

材料 ▶ 無鹽奶油30g　蜂蜜50g　低筋麵粉120g
　　　泡打粉1/4t　開心果20g

做法 ▶

1. 無鹽奶油以隔水加熱方式或微波加熱融化後，加入蜂蜜用打蛋器攪勻。

2. 降溫後，一起篩入麵粉及泡打粉，用橡皮刮刀稍微拌合，即可加入開心果，用手抓成均勻的麵糰。

3. 將麵糰放在保鮮膜上，用手整形成直徑約2.5公分的圓柱體，再用蛋糕紙包好冷藏約2小時待凝固。

4. 用刀切割厚約1公分的圓片狀。

5. 烤箱預熱後，以上火170℃、下火150℃烘烤約20分鐘左右，熄火後繼續用餘溫燜10分鐘即可。

Tips

▶ 開心果也可用其他堅果代替，不需事先烘烤。

▶ 麵糰用蛋糕紙包好後，放在桌面用手輕輕滾動，可使麵糰容易塑成均勻的圓柱體。

▶ 也可將麵糰放在冷凍庫約30分鐘待凝固，但不可變硬，否則不易切割。

紅茶義式脆餅

材料 ▶ 紅茶包2小包　水35g　無鹽奶油50g
　　　糖粉70g　低筋麵粉150g　杏仁片50g

做法 ▶

1. 取出紅茶包的茶葉,加水混合浸泡5分鐘
備用。

2. 無鹽奶油放在室溫下軟化後,加入糖粉先
用橡皮刮刀攪拌均勻。

3. 分別加入麵粉及做法1.的紅茶汁連同茶
葉,用橡皮刮刀稍微拌合(圖a),即可加
入杏仁片用手抓成均勻的麵糰(圖b)。

4. 用手將麵糰整形成厚約3公分的長塊狀(圖
c),先以上火180℃、下火150°烘烤約20分
鐘左右,約呈七分熟即出爐。

5. 將烤過的麵糰完全放涼後,切成厚約0.7公分
的薄片(圖d)。

6. 烤箱預熱後,再以上、下火各160℃回烤約10
分鐘左右,熄火後繼續用餘溫燜10分鐘即可。

Tips

▶ 紅茶義式脆餅即義式的Biscotti,二次烘烤口感鬆脆。

▶ 杏仁片也可用其他堅果代替,不需事先烘烤。

▶ 麵糰可多搓揉產生筋性,切割時較不易鬆散。

葡萄乾捲心酥

份量 約25片

材料 ▶ **A.**無鹽奶油60g 細砂糖50g
香草精1/4t 全蛋25g
低筋麵粉150g 泡打粉1/4t
B.內餡：核桃50g 葡萄乾90g
蜂蜜10g

做法 ▶

1.內餡：烤箱預熱後，核桃先以上、下火各
150℃烘烤約10分鐘左右，放涼後與葡萄
乾及蜂蜜用料理機絞碎。

2.無鹽奶油放在室溫下軟化後，加入細砂糖
用攪拌機攪拌均勻。

3.加入香草精並分次加入全蛋，用攪拌機快
速打發呈均勻的奶油糊。

4.一起篩入麵粉及泡打粉，用手抓成均勻的
麵糰。

5.將麵糰放在保鮮膜上，先用手將麵糰推開
呈長方形，再用擀麵棍擀成長約25公分、
寬約20公分的片狀。

6.將內餡均勻的鋪在麵糰表面，並用手掌輕
壓黏牢，再將保鮮膜拉起，輕輕的捲起麵
糰，並用保鮮膜包好，冷藏約3小時左右
待凝固。

7.將麵糰切割成厚約1公分的圓片狀。

8.烤箱預熱後，以上火180℃、下火160℃烘
烤約25分鐘左右，熄火後繼續用餘溫燜10
分鐘即可。

Tips

▶ 可先將一端不整齊的麵糰部分切割再捲起。
▶ 麵糰捲好用保鮮膜包好後，放在桌面用手輕輕滾
動，可使麵糰容易塑成均勻的圓柱體。
▶ 也可將麵糰放在冷凍庫約1小時待凝固，但不可變
硬，否則不易切割。
▶ 如無法使用料理機，可直接將葡萄乾切碎再與碎
核桃及蜂蜜混合拌勻。
▶ 打發奶油糊可參見P.74的原味冰箱餅乾。

咖啡棒

份量 約30片

材料 ▶ 即溶咖啡粉3t　牛奶1T
　　　無鹽奶油60g　金砂糖50g
　　　低筋麵粉120g　泡打粉1/4t
　　　杏仁角30g

做法 ▶

1. 即溶咖啡粉加牛奶攪拌均勻備用。

2. 無鹽奶油放在室溫下軟化後，加入
金砂糖用攪拌機快速打發呈均勻的
奶油糊。

3. 一起篩入麵粉及泡打粉，用橡皮刮
刀稍微拌合，即可加入杏仁角及做
法1.的咖啡液，用手抓成均勻的麵
糰。

4. 將麵糰放在保鮮膜上，先用手將麵
糰推開呈長方形，再用擀麵棍擀成
長約22公分、寬約14公分的片狀，
冷藏約2小時左右待凝固。

5. 將麵糰切割成長約7公分、寬約1.5
公分的長條狀。

6. 烤箱預熱後，以上火180℃、下火
150℃烘烤約25分鐘左右，熄火後
繼續用餘溫燜10分鐘即可。

Tips

▶ 杏仁角不需事先烤過。

▶ 也可將麵糰放在冷凍庫約30分鐘左右待
凝固，但不可變硬，否則不易切割。

▶ 打發奶油糊可參見P.74的原味冰箱餅乾。

全麥楓糖高纖餅乾 _{分量}約26片

材料 ▶ A. 無鹽奶油100g 糖粉25g 鹽1/4t 全蛋45g
　　　　楓糖50g 低筋麵粉100g 泡打粉1/2t
　　　　全麥麵粉110g
　　　B. 裝飾：蛋白15g

做法 ▶

1. 無鹽奶油放在室溫下軟化後，加入糖粉先用橡皮刮刀攪拌均勻，再用攪拌機攪打均勻。

2. 加入鹽並分次加入全蛋，用攪拌機攪拌均勻，再加入楓糖繼續用攪拌機快速打發呈均勻的奶油糊。

3. 一起篩入麵粉及泡打粉，並加入全麥麵粉用手抓成均勻的麵糰。

4. 將麵糰放在保鮮膜上，用擀麵棍擀成厚約0.5公分的片狀，冷藏約2小時左右待凝固。

5. 用餅乾刻模在麵糰上刻出造型，並刷上均勻的蛋白。

6. 烤箱預熱後，以上火180℃、下火160℃烘烤約25分鐘左右，熄火後繼續用餘溫燜10分鐘即可。

Tips

▶ 擀麵糰時，蓋上1張保鮮膜較好操作。
▶ 也可將麵糰放在冷凍庫約30分鐘左右待凝固，但不可變硬，否則不易切割。
▶ 將餅乾刻模沾上少許的麵粉，切割時才不易沾黏麵糰。
▶ 餅乾刻模的尺寸：最長處6公分、最寬處5.5公分。

香辣黑胡椒脆餅

份量 約50片

材料 ▶ **A.** 無鹽奶油15g 細砂糖15g 白油25g 鹽1/4t
蛋白30g 低筋麵粉100g 泡打粉1/4t
粗黑胡椒粉2t
B. 裝飾：蛋白1個

做法 ▶

1. 無鹽奶油放在室溫下軟化後，加細砂糖、白油及鹽用攪拌機攪拌均勻。

2. 加入蛋白繼續用攪拌機快速打發成均勻的奶油糊。

3. 一起篩入麵粉及泡打粉，接著加入粗黑胡椒粉，用手抓成均勻的麵糰。

4. 將麵糰包在保鮮膜內，用擀麵棍擀成厚約1公分的片狀，再冷藏約2小時待凝固。

5. 用直徑約2公分的餅乾刻模切割造型，並刷上均勻的蛋白。

6. 烤箱預熱後，以上火180℃、下火160℃烘烤約20分鐘左右，熄火後繼續用餘溫燜10分鐘即可。

Tips
打發奶油糊的細節可參見P.74的原味冰箱餅乾。
擀麵糰時，蓋上1張保鮮膜較好操作。
將餅乾刻模沾上少許的麵粉，切割時才不易沾黏麵糰。
也可將麵糰放在冷凍庫約30分鐘左右待凝固，但不可變硬，否則不易切割。
粗黑胡椒粉的份量可依個人的嗜辣程度做增減。

玉米片酥條

分量 約20條

材料 ▶ 無鹽奶油100g 細砂糖20g 全蛋40g
低筋麵粉200g 玉米脆片30g
帕米善（Parmesan）起士粉10g

做法 ▶

1. 無鹽奶油放在室溫下軟化後，加入細砂糖用攪拌機攪拌均勻。

2. 分次加入全蛋，用攪拌機快速打發呈均勻的奶油糊。

3. 篩入麵粉後，接著加入起士粉用橡皮刮刀稍微拌合，即可加入玉米片，用手抓成均勻的麵糰狀。

4. 將麵糰放在保鮮膜上，先用手將麵糰推開呈長方形，再用擀麵棍擀成長約22公分、寬約14公分的片狀，冷藏約2小時左右待凝固。

5. 將麵糰切割成長約22公分、寬約1公分的長條狀。

6. 烤箱預熱後，以上火180℃、下火160℃烘烤約25分鐘左右，熄火後繼續用餘溫燜10分鐘即可。

Tips

▶ 玉米脆片（Corn flake）即早餐習慣泡在牛奶中食用的食材。

▶ 也可將麵糰放在冷凍庫約30分鐘待凝固，但不可變硬，否則不易切割。

▶ 打發奶油糊可參見P.74的原味冰箱餅乾。

OREO奶酥餅乾

份量 約24片

材料 ▶ OREO巧克力餅乾60g 無鹽奶油70g
糖粉45g 香草精1/2t 蛋白35g
低筋麵粉150g 玉米粉10g
泡打粉1/2t

做法 ▶

1. OREO巧克力餅乾用手掰成小塊備用（圖a）。

2. 無鹽奶油放在室溫下軟化，加入糖粉先用橡皮刮刀攪拌均勻，再用攪拌機攪打均勻。

3. 加入香草精並分次加入蛋白，用攪拌機快速打發呈均勻的奶油糊。

4. 一起篩入麵粉、玉米粉及泡打粉，用橡皮刮刀稍微拌合，即可加入OREO巧克力餅乾，再用手抓成均勻的麵糰。

5. 將麵糰放在保鮮膜上，用手整形成寬約4公分的長方體，再用保鮮膜包好冷藏約3小時待凝固。

6. 用刀切割厚約1公分的方形片狀。

7. 烤箱預熱後，以上火180℃、下火160℃烘烤約25分鐘左右，熄火後繼續用餘溫燜10分鐘即可。

Tips

▶ 打發奶油糊可參見P.74的原味冰箱餅乾的圖。

▶ 麵糰塑形的細節可參見P.95的杏仁西餅。

檸檬皮砂糖餅乾

份量 約25片

材料 ▶ 無鹽奶油90g 糖粉80g 全蛋25g 檸檬2個
低筋麵粉150g 泡打粉1/2t 蛋白1個 粗砂糖100g

做法 ▶

1. 無鹽奶油放在室溫下軟化後，加入糖粉先用橡皮刮刀攪拌均勻，再用攪拌機攪打均勻。

2. 分次加入全蛋，用攪拌機快速打發呈均勻的奶油糊，再加入刨成細絲的檸檬皮。

3. 一起篩入麵粉及泡打粉，用手抓成均勻的麵糰。

4. 將麵糰放在保鮮膜上，用手整形成直徑約4公分的圓柱體，再用蛋糕紙包好冷藏約3小時待凝固。

5. 將凝固後的麵糰，刷上均勻的蛋白，再沾裹上均勻的粗砂糖，並用手輕輕的滾動麵糰（圖a）。

6. 用刀切割麵糰厚約1公分的圓片狀。

7. 烤箱預熱後，以上火180℃、下火160℃烘烤約25分鐘左右，熄火後繼續用餘溫燜10分鐘即可。

Tips

▶ 麵糰刷上蛋白時均勻即可，不要過厚。

▶ 也可將麵糰放在冷凍庫約1小時左右待凝固，但不可變硬，否則不易切割。

杏仁西餅

材料▶ 杏仁豆100g　無鹽奶油100g　細砂糖60g　香草精1/2t
　　　　全蛋30g　低筋麵粉200g　泡打粉1/2t

做法▶

1. 烤箱預熱後，杏仁豆先以上、下火各150℃烘烤約10分鐘左右，放涼備用。

2. 無鹽奶油放在室溫下軟化後，加入細砂糖用攪拌機攪打均勻。

3. 加入香草精並分次加入全蛋，用攪拌機快速打發呈均勻的奶油糊。

4. 一起篩入麵粉及泡打粉，用橡皮刮刀稍微拌合，即可加入杏仁豆（圖a），用手抓成均勻的麵糰狀。

5. 將麵糰放在保鮮膜上，用手整形成寬約5公分的長方體（圖b），再用保鮮膜包好冷藏約3小時待凝固。

6. 用刀切割厚約1公分的方形片狀（圖c）。

7. 烤箱預熱後，以上火180℃、下火160℃烘烤約25分鐘左右，熄火後繼續用餘溫燜10分鐘即可。

Tips

▶ 杏仁豆先烤10分鐘，只是將水份稍烤乾，而不是烤熟。

▶ 也可將麵糰放在冷凍庫約1小時待凝固，但不可變硬，否則不易切割。

▶ 麵糰切割後，四周如呈鬆散狀，需用手再稍微整形一下（圖d）。

▶ 打發奶油糊可參見P.74原味冰箱餅乾。

紅糖核桃餅乾

份量 約25片

材料 ▶ 核桃80g　無鹽奶油65g　紅糖50g
全蛋30g　低筋麵粉170g
泡打粉1/2t

做法 ▶

1. 核桃切小塊備用。

2. 無鹽奶油放在室溫下軟化後，加入紅糖先
用橡皮刮刀攪拌均勻，再用攪拌機攪打均
勻。

3. 分次加入全蛋，用攪拌機快速打發呈均勻
的奶油糊。

4. 一起篩入麵粉及泡打粉，用橡皮刮刀稍微
拌合，即可加入核桃用手抓成均勻的麵糰
狀。

5. 將麵糰放在保鮮膜上，用手整形成寬約4
公分的長方體，再用保鮮膜包好冷藏約3
小時待凝固。

6. 用刀切割厚約1公分的方形片狀。

7. 烤箱預熱後，以上火180°C、下火160°C
烘烤約25分鐘左右，熄火後繼續用餘溫
燜10分鐘即可。

Tips

▶ 核桃不需事先烤過。

▶ 麵糰整形請參考P.95的杏仁西餅。

▶ 也可將麵糰放在冷凍庫約1小時左右待凝固，但
不可變硬，否則不易切割。

芋絲酥餅

份量 約25片

材料 ▶ 芋頭（去皮後）70g　無鹽奶油60g
　　　糖粉50g　蛋黃15g　香草精1/2t
　　　低筋麵粉130g　泡打粉1/4t

做法 ▶

1. 芋頭切成長約2公分的細條狀，用中火蒸約5分鐘左右成八分熟，放涼後備用（圖a）。

2. 無鹽奶油放在室溫下軟化後，加入細砂糖用攪拌機拌勻，再分別加入蛋黃及香草精用攪拌機快速打發成均勻的奶油糊。

3. 一起篩入麵粉及泡打粉，用橡皮刮刀稍微拌勻後，即可加入芋頭，用手抓成均勻的麵糰。

4. 將麵糰放在保鮮膜上，用擀麵棍擀成厚約0.5公的片狀（圖b）。

5. 將麵糰冷藏約2小時左右待凝固，再用餅乾刻模切割造型（圖c）。

6. 烤箱預熱後，以上火180℃、下火160℃烘烤約25分鐘左右，熄火後繼續用餘溫燜10分鐘即可。

Tips

▶ 打發奶油糊的細節可參見P.74的原味冰箱餅乾。

▶ 擀麵糰時，蓋上1張保鮮膜較好操作。

▶ 也可將麵糰放在冷凍庫約30分鐘左右待凝固，但不可變硬，否則不易切割。

▶ 將餅乾刻模沾上少許的麵粉，切割時才不易沾黏麵糰。

▶ 經過烘烤後，芋絲呈脆度的口感。

Part 4

擠 花 餅 乾

Piped

軟、硬適中的麵糊完成後不需鬆弛，即可藉由擠花嘴的紋路與手掌力道的控制，完成具有造型美的手工餅乾，水份或油份含量較高，酥、鬆的口感為其特色。

✱ 製作的特色：利用橡皮刮刀，將濕性與乾性材料混合均勻。

✱ 生料的類別：比美式簡易餅乾更濕、軟的麵糊狀，無法直接用手操作。

✱ 塑形的工具：擠花嘴。

✱ 掌握的重點：1.麵糊的軟度能順利的從擠花袋內擠出，同時輪廓明顯。
　　　　　　　2.拌合後的麵糊滑順細緻，不含顆粒或固態的食材。
　　　　　　　3.掌握擠花時的角度。

Tips

▶ 麵糊分兩次裝入擠花袋
內,一次的份量不可太
多,否則不易操作。

▶ 擠麵糊時,需將袋口扭
緊,手掌握住的力道與
收放,可控制麵糊擠出
的厚度與形狀。

▶ 需先將袋內的空氣擠出
再開始擠麵糊。

▶ 如因環境的溫度影響,
造成麵糊稍變硬,可將
放麵糊的容器置於熱水
之上,利用沸騰的熱
氣,可使麵糊變軟,但
不要直接接觸熱水。

▶ 擠麵糊時,擠花嘴距離
烤盤約1公分。

原味奶酥餅乾

份量 約30片

材料 ▶ 無鹽奶油65g 糖粉60g 香草精1/2t
全蛋30g 牛奶1T 奶粉20g
低筋麵粉100g 泡打粉1/2t

做法 ▶

1. 無鹽奶油放在室溫下軟化後,加入糖粉及香
草精先用橡皮刮刀攪拌勻,再用攪拌機攪打
均勻(圖a)。

2. 分次加入全蛋用攪拌機快速攪打,再分次加
入牛奶,繼續用攪拌機快速打發呈均勻的奶
油糊(圖b)。

3. 加入奶粉,繼續用攪拌機快速攪打均勻(圖
c)。

4. 一起篩入低筋麵粉及泡打粉,用橡皮刮刀以
不規則的方向拌成均勻的麵糊(圖d&圖e)。

5. 麵糊裝入擠花袋中(圖f),用尖齒花嘴以順
時針方向擠出直徑約4公分的螺旋狀(圖g&
圖h)。

6. 烤箱預熱後,以上火180℃、下火160℃烘烤
約25分鐘左右呈金黃色,熄火後繼續用餘溫
燜10分鐘。

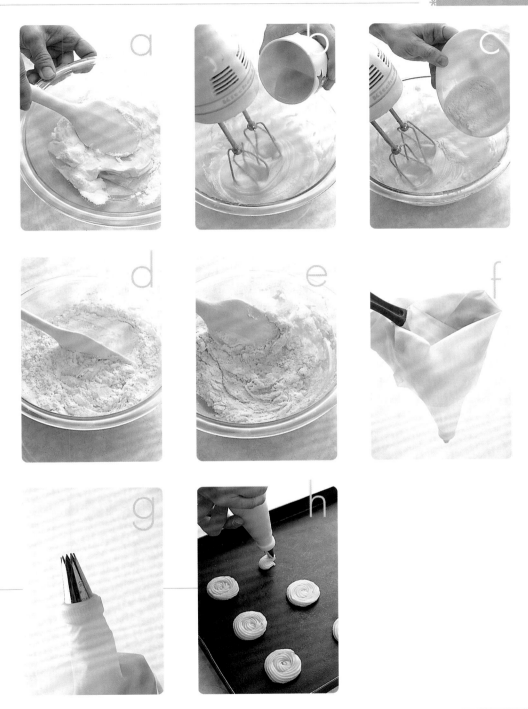

卡魯哇小西餅

份量 約35個

材料 ▶ **A.** 卡魯哇咖啡酒（Kahlua）1T
即溶咖啡粉2t 糖粉50g 白油50g
全蛋25g 低筋麵粉70g 玉米粉2t

B. 裝飾：夏威夷豆45g

做法 ▶

1. 卡魯哇咖啡酒與即溶咖啡粉混合攪勻備用。

2. 糖粉加白油先用橡皮刮刀拌勻，再用攪拌機攪打均勻。

3. 分次加入全蛋，用攪拌機快速打發呈均勻的糊狀。

4. 做法3.與做法1.的材料混合，繼續用攪拌機拌勻。

5. 一起篩入低筋麵粉及玉米粉，用橡皮刮刀以不規則的方向拌成均勻的麵糊。

6. 麵糊裝入擠花袋中，用尖齒花嘴以垂直方式擠出直徑約1.5公分的螺旋狀。

7. 將半顆的夏威夷豆放在麵糊表面。

8. 烤箱預熱後，以上火170℃、下火150℃烘烤約15分鐘左右，熄火後繼續用餘溫燜10分鐘左右。

Tips

▶ 夏威夷豆不需事先烤熟，也可用其他堅果代替。

▶ 如要酥鬆的口感，可添加小蘇打粉1/8t。

▶ 擠麵糊時，擠花嘴距離烤盤約1公分。

▶ 擠麵糊的注意事項可參見P.100原味奶酥餅乾的Tips。

橄欖油蛋白脆餅

材料 ▶ **A.**低筋麵粉50g　泡打粉1/4t　糖粉25g
　　　　全麥麵粉15g　橄欖油30g　蛋白30g
　　　B.裝飾：杏仁角20g

做法 ▶

1.低筋麵粉、泡打粉及糖粉一起過篩，再與全
　麥麵粉混合均勻。

2.分別加入橄欖油及蛋白，用橡皮刮刀以不規
　則的方向拌成均勻的麵糊。

3.麵糊裝入擠花袋中，用尖齒花嘴擠出直徑約

4公分的圓圈，並在表面撒上均勻的杏仁
角。

4.烤箱預熱後，以上火170℃、下火150℃烘
烤約25分鐘左右，熄火後繼續用餘溫燜10
分鐘左右。

Tips
▶ 尖齒花嘴也可用平口花嘴代替。
▶ 杏仁角不需事先烤熟，撒在麵糊表面後，需用手再
輕輕壓一下，才不易脫落。

檸檬優格餅乾

份量 約22片

材料 ▶ 無鹽奶油50g　糖粉40g　原味優格50g
奶粉10g　檸檬1個　低筋麵粉60g
泡打粉1/4t

做法 ▶

1. 無鹽奶油放在室溫下軟化後，加入糖粉先用
橡皮刮刀拌勻，再用攪拌機攪打均勻。

2. 加入原味優格、奶粉並刨入檸檬皮屑，用攪
拌機快速打發呈均勻的奶油糊（圖a）。

3. 一起篩入低筋麵粉及泡打粉，用橡皮刮刀以
不規則的方向拌成均勻的麵糊。

4. 麵糊裝入擠花袋中，用尖齒花嘴擠出長約5
公分、寬約3公分的S狀（圖b）。

5. 烤箱預熱後，以上火170℃、下火160℃烘
烤約20分鐘左右，熄火後繼續用餘溫燜10
分鐘左右。

Tips

▶ 原味優格與奶粉同時加入打發，奶油糊較不易出現
油水分離的現象。

▶ 用低溫慢烤方式烘烤，較可保持優格的原有風味。

▶ 擠麵糊的注意事項可參見P.100原味奶酥餅乾的
Tips。

▶ 擠麵糊時，擠花嘴距離烤盤約1公分。

南瓜泥小餅乾

份量 約70片

材料 ▶ A. 無鹽奶油30g 糖粉50g 白油30g
南瓜（去皮後）65g 肉桂粉1/4t
低筋麵粉50g 奶粉10g 泡打粉1/4t
B. 裝飾：南瓜子仁10g

做法 ▶

1. 無鹽奶油放在室溫下軟化後，加入糖粉及白油先用橡皮刮刀拌勻，再用攪拌機快速打發呈均勻的奶油糊。

2. 南瓜切成小塊蒸熟後，趁熱壓成泥狀，加入做法1.的奶油糊中，繼續用攪拌機攪勻（圖a），一起篩入肉桂粉、低筋麵粉、奶粉及泡打粉，用橡皮刮刀以不規則的方向拌成均勻的麵糊。

3. 麵糊裝入擠花袋中，用尖齒花嘴貼住烤盤以垂直方式擠出直徑約2公分的花形（圖b），再將南瓜子仁直接放在麵糊表面（圖c）。

4. 烤箱預熱後，以上火170℃、下火150℃烘烤約20分鐘左右。

Tips

▶ 蒸熟後的南瓜泥需瀝掉多餘的水份。

▶ 直徑約2公分的花形尺寸很小，注意需以低溫烘烤，避免烤焦。

▶ 擠麵糊的注意事項可參見P.100原味奶酥餅乾的Tips。

雙色曲線酥  份量 約25片

材料 ▶ 糖粉60g 白油70g 香草精1/2t 蛋白30g 牛奶1T
低筋麵粉100g 泡打粉1/2t 無糖可可粉1又1/2t

做法 ▶

1. 糖粉加入白油及香草精先用橡皮刮刀拌勻,再用攪拌機攪打均勻。

2. 分次加入蛋白,用攪拌機快速打發後,接著加入牛奶,繼續用攪拌機快速打發呈均勻的糊狀。

3. 一起篩入低筋麵粉及泡打粉,用橡皮刮刀以不規則的方向拌成均勻的麵糊。

4. 取麵糊約60g加無糖可可粉用湯匙拌勻(圖a),再與做法3.的麵糊分開放入擠花袋內(圖b)。

5. 用尖齒花嘴以傾斜45°擠出長約6公分、寬約3.5公分的彎曲狀(圖c)。

6. 烤箱預熱後,以上火170℃、下火160℃烘烤約25分鐘左右,熄火後繼續用餘溫燜5分鐘左右。

Tips

▶ 要擠出雙色的麵糊,不需事先稍拌合,直接裝入袋內,才會出現對比的雙色。

▶ 無糖可可粉也可用抹茶粉代替,而呈現不同效果。

▶ 擠麵糊時,擠花嘴距離烤盤約1公分。

▶ 擠麵糊的注意事項可參見P.100原味奶酥餅乾的Tips。

糖蜜杏仁酥

份量 約25片

材料 ▶ 糖粉60g 白油100g 香草精1/4t 全蛋40g 低筋麵粉100g
泡打粉1/2t 杏仁粉30g 深糖蜜（Molasses）10g

做法 ▶

1. 糖粉加白油先用橡皮刮刀拌勻，再用攪拌機攪打均勻。

2. 加入香草精並分次加入全蛋，用攪拌機快速打發呈均勻的糊狀。

3. 一起篩入低筋麵粉及泡打粉，用橡皮刮刀稍微拌合，即可加入杏仁粉用橡皮刮刀以不規則的方向拌成均勻的麵糊。

4. 取約40g的麵糊與深糖蜜混合均勻呈糖蜜麵糊備用（圖a）。

5. 做法3.的麵糊裝入擠花袋中，用尖齒花嘴以順時針方向擠出直徑約5公分的螺旋狀。

6. 將做法4.的糖蜜麵糊裝入紙袋內，並在袋口剪一小洞，直接將麵糊擠出平行交叉線條在螺旋麵糊的表面（圖b）。

7. 烤箱預熱後，以上火180℃、下火150℃烘烤約25分鐘左右，熄火後繼續用餘溫燜10分鐘左右。

Tips

▶ 擠麵糊的注意事項可參見P.100原味奶酥餅乾的Tips。

▶ 做法6.的平行交叉線條，也可依個人的喜好變化造型。

▶ 擠麵糊時，擠花嘴距離烤盤約1公分。

番茄小酥餅

份量 約24片

材料 ▶ **A.**無鹽奶油30g 糖粉60g 白油25g
全蛋35g 番茄糊30g 低筋麵粉100g
泡打粉1/4t

B.裝飾：開心果10g

做法 ▶

1. 無鹽奶油放在室溫下軟化後，加入糖粉及白油先用橡皮刮刀拌勻，再用攪拌機攪打均勻。

2. 分次加入全蛋，繼續用攪拌機快速打發呈均勻的奶油糊。

3. 加入番茄糊攪勻後，再一起篩入低筋麵粉及泡打粉，用橡皮刮刀以不規則的方向拌成均勻的麵糊。

4. 麵糊裝入擠花袋中，用尖齒花嘴擠出心形的造型（圖a＆圖b），並在表面撒上切碎的開心果。

5. 烤箱預熱後，以上火170℃、下火150℃烘烤約20分鐘左右。熄火後繼續用餘溫燜5分鐘呈金黃色即可。

Tips

▶ 用低溫慢烤方式烘烤，較可保持原有的鮮豔色澤，如感覺不易烤乾熟透，最後再用餘溫燜數分鐘。

▶ 心型的造型：利用尖齒花嘴先擠出心形的左半部，再擠出右半部。

▶ 擠麵糊時，擠花嘴距離烤盤約1公分。

▶ 擠麵糊的注意事項可參見P.100原味奶酥餅乾的Tips。

奶黃手指餅乾

份量 約15個

材料 ▶ **A.**蛋黃50g 糖粉30g 低筋麵粉30g
泡打粉1/4t 奶粉15g 杏仁粉10g

B.糖粉10g

做法 ▶

1. 蛋黃與糖粉先用打蛋器拌勻，再用攪拌機由慢速至快速打發至顏色變淡的蛋黃糊（圖a）。

2. 一起篩入低筋麵粉、泡打粉及奶粉，接著加入杏仁粉，用橡皮刮刀以不規則的方向拌成均勻的麵糊。

3. 麵糊裝入擠花袋中，用平口花嘴擠出約4公分的長條狀（圖b），並在表面撒上均勻的糖粉（圖c）。

4. 烤箱預熱後，以上火170℃、下火150℃烘烤約20分鐘左右，熄火後繼續用餘溫燜10分鐘左右。

Tips

▶ 烤盤需放上蛋糕紙或耐高溫的矽利康烤布，以防烤後的成品沾黏。

▶ 出爐後，趁熱將成品剷起。

▶ 做法1.的蛋黃糊盡量打發，成品效果較好。

▶ 擠麵糊時，擠花嘴距離烤盤約1公分。

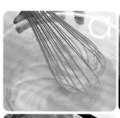 

紅糖奶酥餅乾 份量 約30片

材料 ▶ 紅糖（過篩後）70g　白油80g　鹽1/4t　蛋黃30g
　　　　牛奶1t　低筋麵粉100g　泡打粉1/2t　杏仁粉15g

做法 ▶

1. 紅糖加白油及鹽用攪拌機攪拌均勻，再分次加入蛋黃快速打發
呈均勻的糊狀。

2. 一起篩入低筋麵粉及泡打粉，接著加入杏仁粉，用橡皮刮刀以
不規則的方向拌成均勻的麵糊。

3. 麵糊裝入擠花袋中，用尖齒花嘴以垂直方式擠成直徑約2公分
的半圓形。

4. 烤箱預熱後，以上火180℃、下火160℃烘烤約20分鐘左右，
熄火後繼續用餘溫燜10分鐘即可。

Tips

▶ 擠麵糊時，擠花嘴距離烤盤約1.5公分，用力將麵糊垂直擠出並重疊即呈
半圓形。

▶ 擠麵糊的注意事項可參見P.100原味奶酥餅乾的Tips。

材料 ▶ **A.**無鹽奶油75g 糖粉100g 蛋白55g
低筋麵粉150g

B.內餡：金砂糖30g 果糖20g 無鹽奶油20g
杏仁片30g

羅密亞西餅

份量 約18片

做法 ▶

1.先將材料A的無鹽奶油放在室溫下軟化後，加入糖粉
先用橡皮刮刀拌勻，再用攪拌機攪打均勻。

2.分次加入蛋白，繼續用攪拌機快速打發呈均勻的奶油
糊。

3.篩入低筋麵粉，用橡皮刮刀以不規則的方向拌成均勻
的麵糊。

4.內餡：金砂糖加果糖用小火煮至糖融化且沸騰（圖
a），再分別加入奶油及切碎的杏仁片（圖b＆圖c），用
木匙或湯匙邊煮邊攪至湯汁稍稍收乾即可熄火。

5.麵糊裝入擠花袋內，用羅蜜亞花嘴並貼住烤盤以垂直
方式擠出直徑約5公分的圓形（圖d）。

6.用小湯匙取出適量的內餡，填在麵糊的中心處（圖
e）。

7.烤箱預熱後，以上火180℃、下火160℃烘烤約25分
鐘左右，熄火後繼續用餘溫燜10分鐘呈金黃色即可。

T i p s

▶ 杏仁片不需事先烘烤。

▶ 煮內餡時，可輕輕攪拌金砂糖及果糖呈均勻狀，以使受熱平均，完成後的內餡應呈
不會流動的狀態，使用時如有凝固現象，可再以小火加熱軟化。

▶ 如無法取得特殊的羅蜜亞花嘴，可用一般平口花嘴擠出中空的圓形，如P.103橄欖油
蛋白脆餅的方式，將內餡填入空心處。

堅果酥

約40片

材料 ▶ A. 核桃50g 杏仁片50g 糖粉50g
B. 無鹽奶油50g 糖粉10g
即溶咖啡粉1t 全蛋50g
低筋麵粉60g 泡打粉1/4t

做法 ▶

1. 先將材料A的核桃及杏仁片以上、下火150℃烘烤10分鐘，放涼後與糖粉一起用料理機攪打成粉末狀備用。

2. 無鹽奶油放在室溫下軟化後，分別加入糖粉及即溶咖啡粉先用橡皮刮刀拌勻，再用攪拌機攪打均勻。

3. 分次加入全蛋，用攪拌機快速打發呈均勻的奶油糊。

4. 一起篩入低筋麵粉及泡打粉，接著加入做法1.的材料，用橡皮刮刀以不規則的方向拌成均勻的麵糊。

5. 麵糊裝入擠花袋中，用平口花嘴擠出長約5公分、寬約3公分的m的造型。

6. 烤箱預熱後，以上火180℃、下火160℃烘烤約20分鐘左右，熄火後繼續用餘溫燜10分鐘左右。

Tips

▶ 烤箱不需預熱，直接將核桃及杏仁片以低溫將水份稍烤乾，並未烤熟。

▶ 如無法使用料理機攪打堅果時，可將核桃及杏仁片盡量切碎，顆粒不可過大，否則易將花嘴口塞住。

▶ 擠麵糊時，擠花嘴距離烤盤約1公分。

▶ 擠麵糊的注意事項可參見P.100原味奶酥餅乾的Tips。

椰香酥餅

份量 約20片

材料 ▶ 無鹽奶油65g 糖粉50g 椰奶20g
低筋麵粉60g 奶粉10g 泡打粉1/4t
椰子粉25g

做法 ▶

1. 無鹽奶油放在室溫下軟化後，加入糖粉先用橡皮刮刀拌勻，再用攪拌機攪打均勻。

2. 分次加入椰奶，用攪拌機快速打發呈均勻的奶油糊。

3. 一起篩入麵粉、奶粉及泡打粉，用橡皮刮刀稍微拌合，即可加入椰子粉，繼續用橡皮刮刀以不規則的方向拌成均勻的麵糊。

4. 麵糊裝入擠花袋中，用尖齒花嘴以傾斜45°擠出約9公分的長條狀。

5. 烤箱預熱後，以上火170℃、下火160℃烘烤約20分鐘左右，熄火後繼續用餘溫燜10分鐘左右。

Tips

▶ 擠麵糊時，擠花嘴距離烤盤約1公分。

▶ 用低溫慢烤方式烘烤，較可保持椰香的原有風味。

▶ 擠麵糊的注意事項可參見P.100原味奶酥餅乾的Tips。

抹茶糖霜西餅 份量 30片

材料 ▶ 糖粉70g 白油70g 蛋白65g
低筋麵粉100g 玉米粉10g 泡打粉1/2t
抹茶粉3t

做法 ▶

1. 糖粉加白油先用橡皮刮刀拌勻,再用攪拌機攪打均勻,先取出約40g,加2t抹茶粉用小湯匙調勻呈抹茶糖霜備用。

2. 再將做法1.其餘的打發白油,分次加入蛋白,用攪拌機快速打發呈均勻的糊狀。

3. 一起篩入低筋麵粉、玉米粉、泡打粉及1t抹茶粉,用橡皮刮刀以不規則的方向拌成均勻的麵糊。

4. 麵糊裝入擠花袋中,用尖齒花嘴以傾斜45°擠出約6公分的長條狀。

5. 將做法1.的抹茶糖霜裝入紙袋內,並在袋口剪一小洞,直接將糖霜擠出線條在做法4.的麵糊表面。

6. 烤箱預熱後,以上火170℃、下火150℃烘烤約20分鐘左右,熄火後繼續用餘溫燜10分鐘左右。

Tips

▶ 尖齒花嘴也可用平口花嘴代替。

▶ 用低溫慢烤方式烘烤,較可保持原有的鮮豔色澤,如感覺不易烤乾熟透,最後再用餘溫燜數分鐘。

▶ 擠麵糊時,擠花嘴距離烤盤約1公分。

▶ 擠麵糊的注意事項可參見P.100原味奶酥餅乾的Tips。

奶油乳酪小餅乾

份量 約55個

材料 ▶ **A.** 葡萄乾20g 無鹽奶油50g
　　　　奶油乳酪（Cream Cheese）50g
　　　　糖粉30g 蛋白15g 低筋麵粉50g
　　　　奶粉10g 泡打粉1/4t
　　　B. 裝飾：糖粉50g

做法 ▶

1. 葡萄乾切碎備用。

2. 無鹽奶油及奶油乳酪放在室溫下軟化後，加入糖粉先用橡皮刮刀拌勻，再用攪拌機攪打均勻。

3. 分次加入蛋白，繼續用攪拌機快速打發呈均勻的奶油糊，接著加入葡萄乾攪打均勻。

4. 一起篩入低筋麵粉、奶粉及泡打粉，用橡皮刮刀以不規則的方向拌成均勻的麵糊。

5. 麵糊裝入擠花袋中，用平口花嘴以垂直方式擠出直徑約1.5公分的圓球狀（圖a）。

6. 烤箱預熱後，以上下火各150℃烘烤約30分鐘左右，熄火後繼續用餘溫燜20分鐘左右。

Tips

▶ 擠麵糊時，擠花嘴距離烤盤約1.5公分。

▶ 可將放涼後的餅乾與糖粉放入塑膠袋，將袋口栓緊並搖晃，即可裹上均勻的糖粉。

▶ 利用料理機將葡萄乾絞碎較理想。如用刀切需盡量切碎，顆粒不可過大，否則易將花嘴口塞住。

▶ 擠麵糊的注意事項可參見P.100原味奶酥餅乾的Tips。

▶ 用低溫慢烤方式烘烤，較可保持乳酪的原有風味。

巧克力蛋白餅乾　份量 約25片

材料 ▶ **A.**無鹽奶油50g　糖粉50g　香草精1/2t
　　　　蛋白25g　低筋麵粉60g　泡打粉1/4t
　　　　玉米粉20g
　　B.裝飾：苦甜巧克力50g　烤熟的杏仁角15g

做法 ▶

1.無鹽奶油放在室溫下軟化後，加入糖粉及香草精先用
　　橡皮刮刀拌勻，再用攪拌機攪打均勻。

2.分次加入蛋白，再用攪拌機快速打發呈均勻的奶油
　　糊。

3.一起篩入低筋麵粉、泡打粉及玉米粉，用橡皮刮刀以
　　不規則的方向拌成均勻的麵糊。

4.麵糊裝入擠花袋中，用尖齒花嘴以傾斜45°擠出約5
　　公分的長條狀（圖a）。

5.烤箱預熱後，以上火180℃、下火160℃烘烤約20分
　　鐘左右，熄火後繼續用餘溫燜5分鐘呈金黃色即可。

6.苦甜巧克力切小塊後，隔熱水加熱融化，再加入烤熟
　　的杏仁角拌勻。用筷子取適量沾黏在餅乾的兩端，並
　　放在網架上待凝固（圖b）。

Tips

▶ 杏仁角也可用其他的切碎堅果代替，需事先烤熟。

▶ 擠麵糊時，擠花嘴距離烤盤約1公分。

▶ 擠麵糊的注意事項可參見P.100原味奶酥餅乾的Tips。

Part 5

棒 狀 餅 乾

Bar

事先不做造型，待麵糰烘烤完成後再做切割，即美式餅乾中所稱的「BAR」，無論是皮、餡合一，或是不含餅皮的成品，「方塊」是其外觀的特色，各具有不同的品嘗風味，也是餅乾中食材最具有豐富性與變化性的一種。

＊ 製作的特色：可用手直接製作的麵糰及事先加熱的餡料。

＊ 生料的類別：濕性的混合材料與乾性的麵糰。

＊ 塑形的工具：方形烤模或慕斯框。

＊ 掌握的重點：1.烤模內鋪紙，以利成品脫模。

　　　　　　　2.準備餡料的同時先烘烤餅皮，最後的成品才會酥脆。

　　　　　　　3.如表面的餡料易熟，火溫是上火小、下火大。

　　　　　　　4.出爐後的成品，需放涼再切塊。

Tips
▶ 麵糰的製作可參見P.46
  可可餅乾。
▶ 杏仁片不需事先烤過。
▶ 做法6.只需稍微沸騰,
  金砂糖尚未融化,即可
  加入無鹽奶油及動物性
  鮮奶油。
▶ 剛出爐時的成品表面呈
  液態狀,待完全降溫後
  即凝固。

杏仁糖酥片

份量 約18片

材料 ▶ **A.** 餅皮:無鹽奶油50g 細砂糖20g
　　　　　香草精1/2t 全蛋20g
　　　　　低筋麵粉100g
　　　　B. 內餡:金砂糖70g 果糖50g
　　　　　無鹽奶油20g 動物性鮮奶油15g
　　　　　杏仁片70g

做法 ▶

1. 餅皮:無鹽奶油放在室溫下軟化後,加細砂
　糖及香草精用攪拌機攪打均勻。

2. 分次加入全蛋,繼續用攪拌機快速打發成均
　勻的奶油糊。

3. 篩入低筋麵粉,用橡皮刮刀以不規則的方向
　拌成均勻的麵糰。

4. 將麵糰鋪在18×18公分的烤模內,用手將
　麵糰平均的攤開並壓平(圖a)。

5. 烤箱預熱後,以上火、下火各180℃烘烤約
　10分鐘左右,取出備用(圖b)。

6. 內餡:金砂糖加果糖(圖c)用小火煮至稍
　微沸騰(圖d),再加入無鹽奶油及動物性鮮
　奶油續煮約1分鐘(圖e)。

7. 加入杏仁片用木匙拌勻(圖f),再續煮約2
　分鐘左右至金砂糖完全融化,同時糖漿稍微
　收乾即熄火(圖g)。

8. 將內餡倒入餅皮上,用木匙平均的攤開並輕
　輕壓平(圖h)。

9. 烤箱預熱後,以上、下火各180℃烘烤約25
　分鐘左右呈金黃色。出爐後放涼再切片。

Tips

▶ 鬆散的麵糰直接倒入模
型內再輕輕壓緊，口感
較好。

▶ 核桃不需事先烤熟。

▶ 內餡的細砂糖尚未完全
融化，即可加入椰子粉
及碎核桃。

▶ 內餡易熟，需先將餅皮
烤至七分熟，最後再以
上火小、下火大烘烤成
品至熟。

▶ 檸檬皮屑是指表皮部
分，份量可增加以突顯
風味，但不可刮到白色
筋膜，以免苦澀。

檸檬椰子方塊

份量 約18片

材料 ▶ **A.**餅皮：無鹽奶油60g　細砂糖30g
　　　　鹽1/4t　全蛋25g　低筋麵粉100g
　　　　泡打粉1/4t　杏仁粉10g

　　　B.內餡：全蛋35g　細砂糖30g
　　　　香草精1/2t　檸檬皮1個　椰子粉25g
　　　　核桃40g

做法 ▶

1.餅皮：無鹽奶油放在室溫下軟化後，加細砂
糖及鹽用攪拌機攪打均勻。

2.分次加入全蛋，繼續用攪拌機快速打發呈均
勻的奶油糊。

3.一起篩入低筋麵粉及泡打粉後，接著加入杏
仁粉，用手抓成鬆散的麵糰。

4.將鬆散的麵糰，直接鋪在18×18公分的烤
模內，用手平均的攤開並壓緊。

5.烤箱預熱後，以上、下火各180℃烘烤約15
分鐘左右，取出備用。

6.內餡：全蛋加細砂糖、香草精並刨入檸檬皮
屑，用打蛋器以不規則的方向攪拌均勻，接
著加入椰子粉及碎核桃改用橡皮刮刀拌勻。

7.將內餡倒入餅皮上，用橡皮刮刀平均攤開。

8.烤箱預熱後，以上火160℃、下火180℃ 烘
烤約20分鐘左右。

材料 OREO巧克力餅乾50g　杏仁片50g
白巧克力200g

做法

1. OREO巧克力餅乾用手掰成小塊。烤箱預熱後，杏仁片以上、下火各150℃　烘烤約10分鐘備用。

2. 白巧克力以隔水加熱方式融化（圖a），再分別加入OREO巧克力餅乾及杏仁片（圖b），用橡皮刮刀攪拌均勻。

3. 倒入14.5×14.5公分的慕斯框內（圖c），用橡皮刮刀將表面抹平並壓緊。

4. 放在室溫下約45分鐘左右待凝固，即可切成塊狀。

Tips

製作完成後，不要放入冷藏凝固，否則過硬無法平整切割。

切割後才可放入冰箱冷藏保存或放在室溫下保存亦可。

杏仁片也可用其他堅果代替。

慕斯框易平整塑形，也可用其他容器代替。

白巧克力隔水加熱時，需用橡皮刮刀邊攪拌邊融化。

香濃胚芽棒

份量 約12片

材料 ▶ **A.**餅皮：無鹽奶油60g 細砂糖50g
白油25g 全蛋25g 低筋麵粉130g
小麥胚芽20g 黑芝麻1T
B.內餡：椰子絲35g 低筋麵粉5g
煉奶70g 水滴形巧克力粒20g

做法 ▶

1.餅皮：無鹽奶油放在室溫下軟化後，加細
砂糖及白油用攪拌機攪打均勻。

2.分次加入全蛋，繼續用攪拌機快速打發成
均勻的奶油糊。

3.篩入麵粉後，接著加入小麥胚芽及黑芝麻
用手抓成均勻的麵糰。

4.將麵糰鋪在18×18公分的烤模內，用手平
均的攤開並壓緊。

5.烤箱預熱後，以上、下火各170°C 烘烤約
20分鐘左右，取出備用。

6.內餡：椰子絲與低筋麵粉先拌勻，接著加入煉奶用湯匙攪勻呈濃稠狀（圖a）。

7.將內餡鋪在餅皮表面，並用湯匙背面沾少許的水慢慢推開（圖b）。

8.撒上水滴形巧克力粒（圖c）。

9.烤箱預熱後，以上火160°C、下火180°C烘烤約20分鐘左右。

Tips

▶ 內餡易熟，需先將餅皮烤至七分熟，最後再以上火小、下火大烘烤成品至熟。

▶ 水滴形巧克力粒屬於耐高溫型的巧克力，烘烤後亦不會融化。

玉米片早餐棒

份量 約12片

材料 ▶ **A.** 餅皮：低筋麵粉80g　糖粉15g
　　　　杏仁角20g　無鹽奶油30g　牛奶1T
　　　B. 內餡：金砂糖15g　無鹽奶油20g
　　　　果糖15g　香吉士1個　玉米片70g
　　　　大燕麥片10g　全蛋15g

做法 ▶

1. 餅皮：麵粉及糖粉混合均勻，再加入杏仁角及無鹽奶油用手搓揉成鬆散狀，接著加入牛奶，繼續用手搓揉成鬆散狀。

2. 將鬆散的麵糰，直接倒入18×18公分的烤模內（圖a）平均的攤開並壓緊，烤箱預熱後，以上火、下火170℃烘烤約10分鐘左右，取出備用。

3. 內餡：金砂糖及無鹽奶油用小火加熱至奶油融化即熄火，接著加入香吉士皮絲（圖b）。

4. 加入玉米片及大燕麥片用橡皮刮刀拌勻，最後加入全蛋拌合。

5. 將內餡倒入餅皮上，並用小湯匙平均的攤開即可（圖c）。

6. 烤箱預熱後，以上火160℃、下火180℃烘烤約20分鐘左右，熄火後繼續用餘溫燜10分鐘左右。

Tips

▶ 鋪在餅皮表面的內餡，不需刻意壓緊，否則口感會太硬。

▶ 做法3.中的無鹽奶油融化，而金砂糖尚未融化即可熄火。

高纖堅果棒 份量 約18片

材料 ▶ 碎核桃40g 南瓜子仁35g 葵瓜子仁35g 白芝麻30g 蜂蜜100g
柳橙汁20g 糖漬桔皮丁40g 葡萄乾55g 全蛋50g
即食燕麥片100g

做法 ▶

1. 碎核桃、南瓜子仁、葵瓜子仁及白芝麻分別放在同一烤盤內，以上、下火各150°C烤約10分鐘左右備用（圖a）。

2. 蜂蜜加柳橙汁攪拌均勻，再加入糖蜜漬桔皮丁及葡萄乾，浸泡約10分鐘（圖b）。

3. 將做法2.的混合材料加入全蛋用打蛋器拌勻，再分別拌入碎核桃、南瓜子、葵瓜子及白芝麻用橡皮刮刀拌勻。

4. 加入即食燕麥片混合均勻，倒入18×18公分的烤模內，用橡皮刮刀將麵糰平均的攤開並抹平（圖c）。

5. 烤箱預熱後，以上、下火各180°C 烘烤約25分鐘左右。

Tips

▶ 堅果可依個人喜好及取得的方便性替換。
▶ 柳橙汁也可用其他果汁代替。
▶ 最後抹平時不需要刻意壓緊，否則口感會過於緊密。

蜂蜜核桃棒

份量 約18片

材料 ▶ **A.**餅皮：無鹽奶油50g 細砂糖20g 鹽1/4t 全蛋15g
低筋麵粉100g 泡打粉1/4t

B.內餡：核桃120g 細砂糖30g 蜂蜜25g 動物性鮮奶油35g
牛奶35g 無鹽奶油10g 全蛋10g

做法 ▶

1.餅皮：無鹽奶油放在室溫下軟化後，加入細砂糖及鹽用攪拌機攪打均勻。

2.加入全蛋繼續用攪拌機快速拌成均勻的奶油糊。

3.一起篩入低筋麵粉及泡打粉，用手抓成均勻的麵糰。

4.將麵糰鋪在18×18公分的烤模內，用手平均的攤開並壓緊。

5.烤箱預熱後，以上、下火各180℃烘烤約10分鐘左右，取出備用。

6.內餡：核桃切碎備用。細砂糖加蜂蜜用小火煮至沸騰（圖a），即分次加入動物性鮮奶油及牛奶（圖b），用木匙攪拌均勻，繼續用沸騰的小火煮約5分鐘左右，即加入無鹽奶油續煮約1分鐘即熄火（圖c）。

7.加入碎核桃拌勻，最後加入全蛋，再續煮至湯汁稍微收乾（圖d）。

8.將內餡倒入餅皮上，用木匙或湯匙平均的攤開並壓緊。

9.烤箱預熱後，以上火160℃、下火180℃烘烤約25分鐘左右。

Tips

▶ 做法6.中細砂糖加蜂蜜用小火煮至沸騰，細砂糖尚未融化即可加入動物性鮮奶油及牛奶。

▶ 內餡做好後，湯汁已近收乾，呈不會流動狀態。

▶ 內餡易熟，烘烤時以上火小、下火大為原則。

巧克力燕麥方塊

份量 約12片

材料 ▶ **A.**餅皮：無鹽奶油120g　金砂糖50g
　　　　香草精1/2t　全蛋30g　低筋麵粉
　　　　200g　即食燕麥片30g
　　　B.內餡：核桃80g　牛奶45g
　　　　苦甜巧克力125g

做法 ▶

1.餅皮：無鹽奶油放在室溫下軟化後，加金砂
糖用攪拌機攪打均勻。

2.加入香草精並分次加入全蛋，繼續用攪拌機
快速打發成均勻的奶油糊。

3.篩入麵粉後，用橡皮刮刀稍微拌合，即可加
入燕麥片用手抓成均勻的麵糰。

4.將麵糰分成兩份，利用18×18公分的烤
模，分別將兩份麵糰放入模型內塑形，用手
平均的攤開並壓緊。

5.內餡：核桃切碎，用上、下火各150°C烤12
分鐘左右備用。

6.牛奶用小火加熱約50°C左右，熄火後加入
苦甜巧克力用橡皮刮刀攪拌至融化，再加入
碎核桃拌勻，放涼後備用（圖a）。

7.將內餡倒入餅皮表面，用橡皮刮刀平均的攤
開（圖b＆圖c）。

8.將另一份的麵糰蓋在內餡的表面，並用手輕
輕整形壓平（圖d）。

9.烤箱預熱後，以上、下火各180°C烘烤約25
分鐘左右，熄火後，繼續用餘溫燜15分
鐘。

Tips

▶ 可用隔水加熱方式將牛奶加熱並融化苦甜巧克力。

▶ 做法8.的麵糰在製作時，底部需墊1張保鮮膜，才
容易拿起來蓋在內餡上。

全麥乾果方塊酥

份量 約12片

材料 ▶ 全麥麵粉100g　糖粉40g　無鹽奶油50g
　　　葡萄乾20g　蔓越莓乾20g
　　　糖漬桔皮丁20g　全蛋20g
　　　生的白芝麻1T

做法 ▶

1. 全麥麵粉加糖粉混合均勻，再加入奶油用手搓揉成鬆散狀。

2. 葡萄乾、蔓越莓乾及糖漬桔皮丁放在同一容器中，再加入全蛋用湯匙攪勻。

3. 將做法2.的混合材料全部倒入做法1.中，用手混合均勻仍呈鬆散狀，即可倒入18×18公分的烤模內，平均的攤開並壓緊。

4. 將生的白芝麻平均的撒在麵糰表面，並用手掌壓緊。

5. 烤箱預熱後，以上、下火各170℃烘烤約30分鐘左右，熄火後，繼續用餘溫燜10分鐘。

Tips

▶ 鬆散的麵糰可直接倒入模型內再輕輕壓緊，口感較好。

香濃起士塊

份量 約30片

材料 ▶ 無鹽奶油100g 糖粉90g 全蛋25g
低筋麵粉200g 杏仁粉25g
帕米善（Parmesan）起士粉40g

做法 ▶

1. 無鹽奶油放在室溫下軟化後，加入糖粉先用橡皮刮刀拌勻，再用攪拌機攪打均勻。

2. 分次加入全蛋，繼續用攪拌機快速打發成均勻的奶油糊。

3. 篩入低筋麵粉後，接著加入起士粉及杏仁粉用手抓成均勻的麵糰（圖a＆圖b）。

4. 將麵糰鋪在18×18公分的烤模內，用手平均的攤開並壓平，並用叉子在表面每隔1公分叉洞（圖c）。

5. 烤箱預熱後，以上火170℃、下火170℃烘烤約30分鐘左右，熄火後繼續用餘溫燜15分鐘。

Tips

▶ 因成品較厚要用低溫慢烤，並需利用餘溫長時間燜到酥鬆。

香濃巧克力圈餅乾 份量 約16片

材料 ▶ 水滴形巧克力粒150g　顆粒花生醬
　　　40g　喜瑞爾巧克力圈80g

做法 ▶

1. 水滴形巧克力粒以隔水加熱方式融化
　　（圖a），加入顆粒花生醬（圖b），用橡皮
　　刮刀攪拌均勻呈濃稠狀。

2. 待降溫後，再加入喜瑞爾巧克力圈拌勻
　　（圖c）。

3. 倒入14.5×14.5公分的慕斯框內，用橡
　　皮刮刀將表面抹平並壓緊（圖d）。

4. 冷藏約30分鐘凝固後，取出切成塊狀。

Tips

▶ 水滴形巧克力粒隔水加熱時，需用橡皮刮刀邊
　攪拌邊融化。

▶ 放入冷藏凝固再切片，用刀鋸的方式可平整切
　割。

▶ 慕斯框易平整塑形，也可用其他容器代替。

香橙奶酥棒

份量 約18片

材料 ▶ **A.餅皮**：無鹽奶油60g 細砂糖30g
香草精1/2t 全蛋10g 低筋麵粉
100g 奶粉20g

B.內餡：無鹽奶油25g 金砂糖20g
糖漬桔皮丁50g 杏仁片50g
烤熟的白芝麻2t 低筋麵粉10g
全蛋10g

做法 ▶

1.餅皮：無鹽奶油放在室溫下軟化後，加細砂糖及香草精用攪拌機攪打均勻。

2.加入全蛋，繼續用攪拌機快速打發成均勻的奶油糊。

3.篩入低筋麵粉並加入奶粉，用手抓成均勻的麵糰。

4.將麵糰鋪在18×18公分的烤模內，用手將麵糰平均的攤開並壓緊。

5.烤箱預熱後，以上、下火各180℃烘烤10分鐘左右，取出備用。

6.內餡：無鹽奶油加金砂糖用小火煮至奶油融化，熄火後分別加入糖漬桔皮丁、杏仁片及烤熟的白芝麻，用湯匙拌勻。

7.加入低筋麵粉拌勻，待稍將溫後再加入全蛋拌勻。

8.將內餡倒入餅皮上，用橡皮刮刀平均的攤開並壓平

9.烤箱預熱後，以上火170℃、下火180℃烘烤約25分鐘左右。

Tips
▶ 杏仁片不需事先烤熟。
▶ 做法6.的無鹽奶油融化，金砂糖尚未融化即可熄火。

花生可可棒

份量 約12片

材料 ▶ **A.**餅皮：無鹽奶油70g 糖粉60g
全蛋15g 低筋麵粉90g
無糖可可粉10g 杏仁粉20g

B.內餡：顆粒花生醬65g 蛋白35g
糖粉10g

做法 ▶

1.餅皮：無鹽奶油放在室溫下軟化後，加糖粉
先用橡皮刮刀攪拌均勻。

2.加入全蛋，繼續用攪拌機快速打發成均勻的
奶油糊。

3.一起篩入低筋麵粉及無糖可可粉後，接著加
入杏仁粉用手抓成均勻的麵糰。

4.將麵糰鋪在18×18公分的烤模內，用手平
均的攤開壓緊，並在表面叉洞。

5.烤箱預熱後，以上、下火各180℃ 烘烤15
分鐘左右，取出備用。

6.內餡：顆粒花生醬加蛋白用湯匙攪拌均勻
後，再加入糖粉攪勻。

7.將內餡平均的鋪在餅皮表面，並用橡皮刮刀
或湯匙抹平（圖a）。

8.烤箱預熱後，以上火150℃、下火180℃烘
烤約20分鐘左右即可。

Tips

▶ 內餡易熟，需先將餅
皮烤至七分熟，最後
再以上火小、下火大
烘烤成品至熟。

CAPPUCCIN

燕麥楓糖棒 份量 約12片

材料 ▶ 杏桃乾40g 金砂糖60g 楓糖35g 無鹽奶油60g 大燕麥片（Oats）150g
全蛋15g 低筋麵粉15g

做法 ▶

1. 杏桃乾切碎備用。

2. 金砂糖、楓糖及無鹽奶油一起用小火煮至奶油融化，用湯匙慢慢的邊煮邊攪，呈微滾的濃稠狀即熄火。

3. 先加入杏桃乾再加入大燕麥片拌勻，最後加入全蛋及低筋麵粉用橡皮刮刀拌勻。

4. 將混合後的材料倒入18×18公分的烤模內，用橡皮刮刀平均的攤開並用手輕輕壓平。

5. 烤箱預熱後，以上、下火各170℃ 烘烤約25分鐘左右，熄火後繼續用餘溫燜10分鐘左右。

Tips

▶ 鋪在模型內的材料，不需刻意壓緊，否則口感會太硬。

▶ 若手掌平時沾少許的水可防沾黏。

▶ 做法2.中的無鹽奶油融化，而金砂糖尚未融化即可熄火。

加州梅酥餅

材料 ▶ 去籽加州梅（Pitted Prunes）50g 無鹽奶油60g 細砂糖40g 香草精1/2t
全蛋20g 低筋麵粉140g 泡打粉1/2t 小麥胚芽10g

做法 ▶

1. 去籽加州梅切成細條狀備用。

2. 無鹽奶油放在室溫下軟化後，加入細砂糖及香草精用攪拌機攪打均勻，再分次加入全蛋，繼續用攪拌機快速打發成均勻的奶油糊。

3. 一起篩入麵粉及泡打粉後，接著加入小麥胚芽用橡皮刮刀稍微拌合成鬆散狀。

4. 加入去籽加州梅，再用手抓成鬆散的麵糰狀，直接倒入18×18公分的烤模內，用手平均的攤開並輕輕的壓平。

5. 烤箱預熱後，以上火160℃、下火180℃烘烤約25分鐘左右，熄火後，繼續用餘溫燜10分鐘。出爐後放涼再切片。

Tips

▶ 鬆散的麵糰可直接倒入模型內再輕輕壓平，口感較好。

▶ 烘烤時以上火小、下火大為原則，才不會將內餡中的加州梅烘烤過硬。

Part 6

薄 片 餅 乾

Tuile

堪稱餅乾世界中，最嬌貴的一種，費心的烘烤到呵護的保存，一絲絲都不得馬虎，除可單獨品嘗外，還可利用薄如蟬翼的特有外觀做出造型，當作糕點裝飾。

＊ 製作的特色：乾性材料均勻的混合在液態材料中。

＊ 生料的類別：流動的麵糊。

＊ 塑形的工具：小湯匙及叉子。

＊ 掌握的重點：1.保持可流動的麵糊，如有變稠現象，需以隔水加熱或微波加熱改善。

2.塑形時盡量將麵糊攤開呈薄片狀，直徑勿超過10公分，才易烘烤。

3.易熟易上色，注意火溫。

海苔薄片

份量 約30片

材料 ▶ 糖粉25g 無鹽奶油30g 香草精1/2t
　　　牛奶2T 蛋黃20g 低筋麵粉40g
　　　泡打粉1/4t 海苔粉1/2t

材料 ▶

1. 糖粉加無鹽奶油、香草精及牛奶以隔水加熱
   方式將奶油融化（圖a），降溫後再加入蛋
   黃，用打蛋器攪拌均勻（圖b）。

2. 一起篩入麵粉及泡打粉，繼續用打蛋器以不
   規則的方向拌成均勻的麵糊（圖c）。

3. 用湯匙取適量的麵糊，直接舀在烤盤上（圖
   d），待麵糊擴散呈圓片狀時，再撒上適量的
   海苔粉（圖e）。

4. 烤箱預熱後，以上火170℃、下火150℃烘
   烤約15分鐘左右呈金黃色即可。

Tips

▶ 融化奶油時，也可用微波加熱。

▶ 麵糊需呈現流動狀態，舀在烤盤上才會自然
的擴散，如有凝固現象時，需以隔水加熱或
微波加熱方式恢復。

▶ 也可將麵糊裝在擠花袋或塑膠袋中製作。

佛羅倫斯薄片 份量 約14片

材料 ▶ 細砂糖20g 無鹽奶油25g 牛奶1又1/2t 南瓜子仁15g
　　　葵瓜子仁15g 糖漬桔皮丁15g 蔓越莓乾15g
　　　烤熟的白芝麻10g 低筋麵粉5g

做法 ▶

1.細砂糖加無鹽奶油用小火直接加熱至奶油融化且稍微呈沸騰狀，熄火後加入牛奶用湯匙攪拌均勻。

2.加入南瓜子仁、葵瓜子仁、糖漬桔皮丁、蔓越莓乾及烤熟的白芝麻，用湯匙拌勻，最後加入麵粉繼續拌勻（圖a）。

3.用湯匙取適量的做法2.的材料，直接舀在烤盤上，並用湯匙背面將麵糊攤開呈直徑約5公分的圓片狀（圖b）。

4.烤箱預熱後，以上火170℃、下火150℃烘烤約15分鐘左右。

Tips

▶ 做法1.只需將奶油融化且呈沸騰狀，細砂糖尚未融化即可熄火。

▶ 南瓜子仁及葵瓜子仁不需事先烤過。

▶ 南瓜子仁、葵瓜子仁、糖漬桔皮丁、蔓越莓乾及烤熟的白芝麻，可依個人的喜好或取得的方便性做調整。

▶ 用湯匙整形時，盡量將材料攤開不要重疊，烤後的成品效果較好。

▶ 也可用手沾少許的水，將材料攤開。

蘭姆酒椰絲薄片

份量 約12片

材料 ▶ 細砂糖30g　無鹽奶油30g　蘭姆酒2T　低筋麵粉10g　椰子絲30g

做法 ▶

1. 細砂糖加無鹽奶油以隔水加熱方式將奶油融化，熄火後加入蘭姆酒。

2. 篩入低筋麵粉並加入椰子絲，用打蛋器以不規則的方向攪拌成均勻的麵糊。

3. 用湯匙取適量的麵糊，直接舀在烤盤上，並用湯匙背面將麵糊攤開呈直徑約
　　5公分的圓片狀。

4. 烤箱預熱後，以上火170°C、下火150°C烘烤約15分鐘左右呈金黃色即可。

Tips

　▶ 做法1.只需將奶油融化，而細砂糖尚未融化即可熄火。

　▶ 融化奶油時，也可用微波加熱。

楓糖杏仁酥片

份量 約12片

材料 ▶ 楓糖30g 無鹽奶油20g 柳橙汁15g
　　　杏仁粉15g 低筋麵粉15g 杏仁角20g

做法 ▶

1. 楓糖加無鹽奶油以隔水加熱方式將奶油融化，熄火後稍降溫，再分別加入柳橙汁及杏仁粉，用打蛋器攪拌均勻。

2. 篩入低筋麵粉，並加入杏仁角，繼續用打蛋器以不規則的方向攪拌成均勻的麵糊。

3. 用湯匙取適量的麵糊，直接舀在烤盤上，並用湯匙背面將麵糊攤開呈直徑約5公分的圓片狀。

4. 烤箱預熱後，以上火170℃、下火150℃烘烤約15分鐘左右呈金黃色即可。

T i p s

▶ 融化奶油時，也可用微波加熱。

▶ 楓糖也可用其他的液體糖漿代替。

▶ 這種麵糊不需刻意攤薄，否則成品易呈鬆散狀。

▶ 柳橙汁也可用其他的果汁代替。

咖啡堅果脆片

約12片

材料 ▶ 糖粉50g　無鹽奶油40g　牛奶1T
　　　蛋白25g　即溶咖啡粉2t　低筋麵粉30g
　　　夏威夷豆、開心果、核桃、杏仁角及葵
　　　瓜子仁各15g

做法 ▶

1. 糖粉加無鹽奶油以隔水加熱方式將奶油融
   化，熄火後加入牛奶先用打蛋器攪勻，再加
   入蛋白及即溶咖啡粉用打蛋器以不規則的方
   向攪拌均勻。

2. 篩入低筋麵粉，繼續用打蛋器以不規則的方
   向攪拌成均勻的麵糊。

3. 同時將夏威夷豆、開心果、核桃、杏仁角及

葵瓜子加入麵糊中，用橡皮刮刀拌勻。

4. 用湯匙取適量的麵糊，直接舀在烤盤上，並
   用湯匙背面將麵糊攤開呈直徑約5公分的圓
   片狀。

5. 烤箱預熱後，以上火170℃、下火150℃烘
   烤約15分鐘左右。

Tips

▶ 夏威夷豆、開心果、核桃、杏仁角及葵瓜子仁不需
　事先烤過。

▶ 即溶咖啡粉的份量，可事先與牛奶混合融化，並依
　個人的口味增減。

▶ 融化奶油時，也可用微波加熱。

胚芽蜂蜜脆片

份量 約20片

材料 ▶ 蜂蜜30g　金砂糖30g
　　　無鹽奶油30g　柳橙汁30g
　　　低筋麵粉30g　小麥胚芽30g

做法 ▶

1. 蜂蜜加金砂糖及無鹽奶油用小火直接加熱至奶油融化，熄火後加入柳橙汁，用打蛋器攪拌均勻。

2. 篩入低筋麵粉，接著加入小麥胚芽，改用橡皮刮刀以不規則的方向攪拌成均勻的麵糊。

3. 用湯匙取適量的麵糊，直接舀在烤盤上，並用湯匙背面將麵糊攤開呈直徑約7公分的圓片狀。

4. 烤箱預熱後，以上火170℃、下火150℃烘烤約15分鐘左右。

Tips

▶ 融化奶油時，也可用微波加熱。
▶ 做法1.只需將奶油融化，而金砂糖尚未融化即可熄火。
▶ 柳橙汁也可用其他的果汁代替。

迷迭香瓦片

約14片

材料 ▶ 新鮮的迷迭香2T　橄欖油40g
　　　細砂糖30g　蛋白30g
　　　低筋麵粉30g

做法 ▶

1. 新鮮的迷迭香洗淨後剪碎備用（圖a）。

2. 橄欖油加細砂糖用打蛋器攪拌均勻，再分別加入蛋白及迷迭香以不規則的方向拌勻。

3. 篩入低筋麵粉，繼續用打蛋器以不規則的方向攪拌成均勻的麵糊。

4. 用湯匙取適量的的麵糊，直接舀在烤盤上，並用湯匙背面將麵糊攤開呈直徑約5公分的圓片狀。

5. 烤箱預熱後，以上火170℃、下火150℃烘烤約15分鐘左右。

Tips

▶ 新鮮迷迭香的份量是去梗剪碎後的淨重，如無法取得可用乾燥代替。

▶ 橄欖油也可用其他的液體油代替，但以純橄欖油製作的風味最佳。

煙捲餅乾

分量 約12個

材料 ▶ 糖粉60g　無鹽奶油50g　香草精1/2t
　　　蛋白50g　低筋麵粉30g
　　　抹茶粉、無糖可可粉各少量

做法 ▶

1. 糖粉加無鹽奶油及香草精以隔水加熱方式
將奶油融化，降溫後再加入蛋白，用打蛋
器以不規則方向攪拌均勻。

2. 篩入低筋麵粉，繼續用打蛋器以不規則的
方向拌成均勻的麵糊。

3. 將做法2.的麵糊分別取出各2t，再分別加
入適量的抹茶粉及無糖可可粉，用小湯匙
攪勻呈綠色及可可色的麵糊（圖a）。

4. 用湯匙取做法2.的適量麵糊，直接舀在烤
盤上，並用湯匙的背面將麵糊攤開呈直徑
約9公分的圓片狀（圖b）。

5. 將做法3.的兩種顏色麵糊，分別裝在紙袋
內，並在袋口剪一小洞，直接將麵糊擠在
做法4.的麵糊上呈平行的細線條（圖c）。

6. 烤箱預熱後，以上火170℃、下火150℃烘
烤約15分鐘左右呈金黃色。

7. 出爐後趁熱用筷子將成品捲起即可（圖
d）。

Tips

▶ 融化奶油時，也可用微波加熱。

▶ 成品出爐時，不要將整個烤盤完全拉出來以保持
溫度，如在塑形時已冷卻，可再稍微加熱即可回
軟。

▶ 只要少量的抹茶粉及無糖可可粉添加在麵糊中，
即可將原色麵糊攪勻呈綠色及可可色的效果。

燕麥酥片

份量 約16片

材料 ▶ 金砂糖60g
　　　無鹽奶油60g　全蛋50g
　　　大燕麥片（Oats）60g
　　　低筋麵粉10g

做法 ▶

1. 金砂糖加無鹽奶油用小火直接加熱至奶油融化，熄火後稍降溫，加入全蛋用打蛋器以不規則方向攪拌均勻。

2. 加入大燕麥片並篩入麵粉，改用橡皮刮刀攪拌均勻呈麵糊。

3. 用湯匙取適量的麵糊，直接舀在烤盤上，並用湯匙背面將麵糊攤開呈直徑約5公分的圓片狀。

4. 烤箱預熱後，以上火170℃、下火150℃烘烤約15分鐘左右呈金黃色。

Tips

▶ 融化奶油時，也可用微波加熱。

▶ 做法1.只需將奶油融化，而金砂糖尚未融化即可熄火。

▶ 這種麵糊內的大燕麥片可重疊，而不需刻意攤薄，否則成品易呈鬆散狀。

紅糖薑汁薄片

份量 約24片

材料 ▶ 紅糖（過篩後）80g　無鹽奶油50g
　　　牛奶2T　薑泥1t　低筋麵粉40g
　　　生的白芝麻 2T

做法 ▶

1. 紅糖加無鹽奶油以隔水加熱方式將奶油融
化，熄火後分別加入牛奶及薑泥（圖a），用
打蛋器攪拌均勻至紅糖融化。

2. 篩入低筋麵粉，繼續用打蛋器以不規則的方
向攪拌成均勻的麵糊。

3. 用湯匙取適量的麵糊，直接舀在烤盤上，並
用湯匙背面將麵糊攤開呈直徑約7公分的圓
片狀，並撒上均勻的白芝麻在麵糊表面。

4. 烤箱預熱後，以上火170℃、下火150℃烘
烤約15分鐘左右。

Tips

▶ 融化奶油時，也可用微波加熱。

▶ 紅糖的份量是以過篩後為準。

▶ 麵糊攤開在烤盤上，呈薄薄的一層，烤後的成品即
會自然的出現漂亮且均勻的孔洞，如過厚的麵糊即
為一般的瓦片餅乾。

可可蕾絲

材料 ▶ 金砂糖30g　無鹽奶油30g　牛奶1T
　　　低筋麵粉5g　無糖可可粉5g
　　　杏仁角25g

做法 ▶

1.金砂糖加無鹽奶油用小火直接加熱至奶油融
化（圖a），熄火後趁熱加入牛奶用木匙或湯
匙攪拌至金砂糖融化（圖b）。

2.降溫後，一起篩入低筋麵粉及無糖可可粉，
並加入杏仁角攪拌均勻呈麵糊狀。

3.用湯匙取適量的麵糊，直接舀在烤盤上，並
用湯匙將麵糊攤開呈直徑約5公分的圓片狀
（圖c）。

4.烤箱預熱後，以上火170℃、下火150℃烘
烤約15分鐘左右即可。

Tips

▶ 杏仁角不需事先烤過。

▶ 做法1.只需將奶油融化，而金砂糖尚未融化即可熄
火。

▶ 成品出爐後，需稍待1～2分鐘左右，讓餅乾稍定
型，才容易剷起。

烘　焙　材　料　行

燈燦
103台北市大同區民樂街125號
（02）2557-8104

精浩
103台北市大同區重慶北路二段53號1樓
（02）2550-6996

洪春梅
103台北市民生西路389號
（02）2553-3859

申崧
105台北市松山區延壽街402巷2弄13號
（02）2769-7251

義興
105台北市富錦街574巷2號
（02）2760-8115

媽咪
106台北市大安區師大路117巷6號
（02）2369-9568

正大（康定）
108台北市萬華區康定路3號
（02）2311-0991

倫敦
108台北市萬華區廣州街220-4號
（02）23（06）8305

頂顯
110台北市信義區莊敬路340號2樓
（02）8780-2469

大億
111台北市士林區大南路434號
（02）2883-8158

飛訊
111台北市士林區承德路四段277巷83號
（02）2883-0000

元寶
114台北市內湖區環山路二段133號2樓
（02）2658-8991

得宏
115台北市南港區研究院路一段96號
（02）2783-4843

菁乙
116台北市文山區景華街88號
（02）2933-1498

全家
116台北市羅斯福路五段218巷36號1樓
（02）2932-0405

美豐
200基隆市仁愛區孝一路36號
（02）2422-3200

富盛
200基隆市仁愛區南榮路64巷8號
（02）2425-9255

證大
206基隆市七堵區明德一路247號
（02）2456-6318

大家發
220台北縣板橋市三民路一段99號
（02）8953-9111

全成功
220台北縣板橋市互助街36號（新埔國小旁）
（02）2255-9482

旺達
220台北縣板橋市信義路165號
（02）2962-0114

聖寶
220台北縣板橋市觀光街5號
（02）2963-3112

立昀軒
221台北縣汐止市樟樹一路34號
（02）2690-4024

加嘉
221台北縣汐止市環河街183巷3號
（02）2693-3334

佳佳
231台北縣新店市三民路88號
（02）2918-6456

艾佳（中和）
235台北縣中和市宜安路118巷14號
（02）8660-8895

安欣
235台北縣中和市連城路347巷6弄33號
（02）2226-9077

馥品屋
238台北縣樹林鎮大安路175號
（02）2686-2569

崑龍
241台北縣三重市永福街242號
（02）2287-6020

今今
248台北縣五股鄉四維路142巷14弄8號
（02）2981-7755

虹泰
251台北縣淡水鎮水源街一段61號
（02）2629-5593

熊寶寶
300新竹市中山路640巷102號
（03）540-2831

正大（新竹）
300新竹市中華路一段193號
（03）532-0786

力陽
300新竹市中華路三段47號
（03）523-6773

新盛發
300新竹市民權路159號
（03）532-3027

康迪
300新竹市建華街19號
（03）520-8250

艾佳（中壢）
320桃園縣中壢市環中東路二段762號
（03）468-4558

乙馨
324桃園縣平鎮市大勇街禮節巷45號
（03）458-3555

華源（桃園）
330桃園市中正三街38之40號
（03）332-0178

做點心過生活
330桃園市復興路345號
（03）335-3963

陸光
334桃園縣八德市陸光街1號
（03）362-9783

天隆
351苗栗縣頭份鎮中華路641號
（03）766-0837

中 區

總信
402台中市南區復興路三段109-4號
（04）2220-2917

永誠
403台中市西區民生路147號
（04）2224-9992

永美
404台中市北區健行路665號
（04）2205-8587

齊誠
404台中市北區雙十路二段79號
（04）2234-3000

銘豐
406台中市北屯區中清路151之25號
（04）2425-9869

嵩弘
406台中市北屯區松竹路三段391號
（04）2291-0739

利生
407台中市西屯區西屯路二段28-3號
（04）2312-4339

豐榮
420台中縣豐原市三豐路317號
（04）2527-1831

明興
420台中縣豐原市瑞興路106號
（04）2526-3953

敬崎
500彰化市三福街197號
（04）724-3927

王誠源
500彰化市永福街14號
（04）723-9446

永明
500彰化市磚窯里芳草街35巷21號
（04）761-9348

上豪
502彰化縣芬園鄉彰南路三段355號
（04）952-2339

金永誠
510彰化縣員林鎮光明街6號
（04）832-2811

順興
542南投縣草屯鎮中正路586-5號
（04）933-3455

信通
542南投縣草屯鎮太平路二段60號
（04）931-8369

宏大行
545南投縣埔里鎮清新里雨樂巷16-1號
（04）998-2766

新瑞益（嘉義）
600嘉義市新民路11號
（05）286-9545

新瑞益（雲林）
630雲林縣斗南鎮七賢街128號
（05）596-3765

好美
640雲林縣斗六市中山路218號
（05）532-4343

彩豐
640雲林縣斗六市西平路137號
（05）535-0990

南 區

瑞益
700台南市中區民族路二段303號
（06）222-4417

富美
700台南市北區開元路312號
（06）237-6284

永昌（台南）
700台南市東區長榮路一段115號
（06）237-7115

永豐
700台南市南區南賢街158號
（06）291-1031

銘泉
700台南市南區開安四街24號
（06）246-0929

佶祥
710台南縣永康市鹽行路61號
（06）253-5223

玉記（高雄）
800高雄市六合一路147號
（07）236-0333

正大行（高雄）
800高雄市新興區五福二路156號
（07）261-9852

新鈺成
806高雄市前鎮區干富街241號
（07）811-4029

旺來昌
806高雄市前鎮區公正路181號
（07）713-5345-9

德興（德興烘焙原料專賣場）
807高雄市三民區十全二路101號
（07）311-4311

十代
807高雄市三民區懷安街30號
（07）381-3275

茂盛
820高雄縣岡山鎮前峰路29-2號
（07）625-9679

順慶
830高雄縣鳳山市中山路237號
（07）746-2908

旺來興
833高雄縣鳥松鄉大華村本館路151號
（07）382-2223

啓順
900屏東市民生路79-24號
（08）752-5858

翔峰（裕軒）
920屏東縣潮州鎮廣東路398號
（08）737-4759

東 區

欣新
260宜蘭市進士路155號
（03）936-3114

裕明
265宜蘭縣羅東鎮純精路二段96號
（03）954-3429

玉記（台東）
950台東市漢陽路30號
（08）932-5605

梅珍香
970花蓮市中華路486之1號
（03）835-6852

萬客來
970花蓮市和平路440號
（03）836-2628

銀杏 GINKGO

孟老師的100道手工餅乾

作　　　　者：孟兆慶
出　　版　　者：葉子出版股份有限公司
發　　行　　人：宋宏智
企　劃　主　編：鄭淑娟
媒　體　企　劃：汪君瑜
特　約　編　輯：詹雅蘭・陳惠
攝　　　　影：廖家威、林宗億（迷彩攝影）
美　術　設　計：許丁文
印　　　　務：許鈞棋
專　案　行　銷：張曜鐘、林欣穎、吳惠娟
登　　記　　證：局版北市業字第677號
地　　　　址：台北縣深坑鄉北深路三段260號8樓
電　　　　話：（02）8662-6826　　　傳真：（02）2664-7633
讀者服務信箱：service@ycrc.com.tw
網　　　　址：http://www.ycrc.com.tw
郵　撥　帳　號：19735365　　　　戶名：葉忠賢
印　　　　刷：上海印刷廠股份有限公司
法　律　顧　問：北辰著作權事務所
初 版 二 十 刷：2011年5月　　　　新台幣：350 元
I　S　B　N：986-7609-59-X

國家圖書館出版品預行編目資料

孟老師的100道手工餅乾／孟兆慶著.--初版.
--台北市：葉子, 2005〔民94〕
面；　公分.--（銀杏）

ISBN 986-7609-59-X（平裝）

1.食譜-點心　2.餅
427.16　　　　　　　　　　　94002510

總　經　銷：揚智文化事業股份有限公司
地　　　址：台北縣深坑鄉北深路三段260號8樓
電　　　話：(02)8662-6826
傳　　　真：(02)2664-7633

※本書如有缺頁、破損、裝訂錯誤，請寄回更換

開心果脆塔

摘自《孟老師的下午茶》P.98 葉子出版

巧克力舒芙里

摘自《孟老師的下午茶》P.144 葉子出版

茄紅素蛋糕

摘自《孟老師的下午茶》P.78 葉子出版

藍莓大理石慕斯

摘自《孟老師的下午茶》P.118 葉子出版

開心果脆塔

份量：約20個

材料：
A.脆塔皮：糖粉40g　蛋白45g　無鹽奶油20g　低筋麵粉25g　杏仁粒20g
B.內餡：蛋黃20g　玉米粉10g　牛奶100g　細砂糖20g　葡萄酒1t　無鹽奶油50g
C.裝飾：開心果醬50g　蘭姆酒1t　開心果粒少許　覆盆子20顆

做法：
1.內餡：蛋黃加玉米粉用打蛋器拌勻成蛋黃糊。牛奶加細砂糖用小火煮至糖融化，再沖入蛋黃糊中，同時要邊倒邊攪。
2.再放回爐火上，繼續用打蛋器邊煮邊攪至濃稠狀後，分別加入無鹽奶油、葡萄酒及蘭姆酒攪拌至完全均勻，放涼後蓋上保鮮膜冷藏1小時以上。
3.脆塔皮：糖粉加入蛋白用橡皮刀混合均勻，再加入無鹽奶油繼續拌勻，最後放入蛋白及杏仁粒拌合成麵糊狀。
4.用小湯匙取適量的脆塔皮，放在烤盤上推平成直徑約5公分的圖片狀。
5.以上火170℃、下火160℃的火溫烘烤10分鐘左右成金黃色即可，出爐後趁熱立刻放入小容器中塑成小塔殼。
6.將內餡裝入擠花袋內，擠入適量開心果細末，擠入適量開心果細末，再放上一顆覆盆子裝飾。

巧克力舒芙里

份量：8個（直徑8.5公分×高4公分的陶瓷烤皿）

材料：
蛋黃40g　牛奶120g　蘭姆酒1t
低筋麵粉40g　無糖可可粉40g
無鹽奶油20g　蛋白120g　細砂糖60g

做法：
1.蛋黃加牛奶、蘭姆酒用打蛋器拌勻，再加入篩過的粉料拌成可可麵糊。
2.無鹽奶油隔熱水加熱融化，趁熱倒入做成可可麵糊內拌勻。
3.蛋白用攪拌機打至起泡，分三次加入細砂糖，同時用快速打至九分發即可。
4.取出1/3的打發蛋白與做法2的可可麵糊拌和，再將剩餘的蛋白全部加入，並用橡皮刮刀輕輕從容器底部刮起拌勻。
5.將做法4的麵糊填滿至烤皿內，並將表面抹平，以上、下火各190℃烘烤約25分鐘左右。
6.出爐後即可撒糖粉，並趁熱食用。

茄紅柔蛋糕

份量：1個（8吋中空活動圓模）

材料：
蛋黃55g　細砂糖40g
沙拉油50g　番茄糊80g　番茄汁2T
低筋麵粉100g　鹽1/4t　番茄糊2T
細砂糖60g　泡打粉1/4t　蛋白130g
塔塔粉1/4t

做法：
1.蛋黃加細砂糖及沙拉油，一起加入沙拉油、番茄汁，接著加入番茄糊繼續拌勻。
2.倒入番茄糊及泡打粉，用打蛋器以不規則的方向，輕輕拌至成均勻的麵糊。
3.蛋白用攪拌機打至濕性發泡，分三次加入細砂糖及塔塔粉打至有小彎勾的九分發狀態。
4.先取1/3的打發蛋白加入做法2的麵糊內用橡皮刮刀拌勻，再將剩餘的蛋白完全混合，並用橡皮刮刀輕輕從容器底部刮起拌勻。
5.將麵糊倒入8吋的中空圓模型內，以上、下火各180℃烘烤30分鐘左右。

藍莓大理石慕斯

份量：1個（6吋圓形慕斯框）

材料：
A.蛋糕體：蛋白45g　細砂糖15g
杏仁粉35g　糖粉30g
細砂糖65g　乳酪100g　牛奶100g
吉利丁片3片　動物性鮮奶1/2根
藍莓果泥15g
B.慕斯：奶油乳酪100g　牛奶100g
吉利丁片3片　香草豆莢1/2根
動物性鮮奶油200g
C.裝飾：植物性鮮奶油150g
覆盆子12顆　薄荷葉適量

做法：
1.蛋糕體：蛋白加細砂糖用攪拌機打發後，同時篩入杏仁粉與糖粉，用橡皮刮刀拌成麵糊狀。
2.麵糊裝入擠花袋中直接在烤盤上擠成螺旋狀的蛋糕體，以上火180℃、下火160℃烘烤12分鐘左右成金黃色，出爐後待涼切割蛋糕體備用。
3.慕斯：奶油乳酪用打蛋器以隔熱水加熱的方式攪散，加入牛奶、細砂糖香草豆莢拌至慕斯完全均勻。
4.慕斯加入吉利丁片、加入牛奶、細砂糖隔冰水攪拌至慕斯均勻並冷卻，接著再加入打發的動物性鮮奶油全部均勻。
5.動物性鮮奶油打至七分發，先取1/3的量與做法4的材料用打蛋器拌勻，再將剩餘的鮮奶油全部加入拌合，即成乳酪慕斯。
6.取100g乳酪慕斯與藍莓果泥混勻，與其他的乳酪慕斯倒在慕斯框內的蛋糕體上，並將表面抹平，然後倒入藍莓果泥，將打發的植物性乳酪抹在慕斯上，將其做出紋路。
7.冷藏約2小時凝固後，將打發的植物性鮮奶油抹在薄荷上，在表面動刮出紋路，並放上覆盆子及薄荷葉裝飾。

雙色圈餅

摘自《孟老師的100道手工餅乾》P.62 葉子出版

迷迭香全麥酥餅

摘自《孟老師的100道手工餅乾》P.53 葉子出版

起士條

摘自《孟老師的100道手工餅乾》P.79 葉子出版

開心果蜂蜜脆餅

摘自《孟老師的100道手工餅乾》P.86 葉子出版

雙色圈餅

材料：
糖粉60g 白油50g 蛋白25g
低筋麵粉100g 泡打粉1/2t
玉米粉1t 抹茶粉1t

份量：約25片

做法：
1. 糖粉加白油先用橡皮刮刀攪拌均勻，再用攪拌機攪打均勻。
2. 加入蛋白，繼續用攪拌機快速打發呈均勻的糊狀。
3. 一起篩入低筋麵粉及泡打粉，用橡皮刮刀以不規則的方向拌成均勻的麵糰。
4. 麵糰分成兩等分，分別加入玉米粉及抹茶粉呈兩種顏色的麵糰。
5. 將麵糰包入保鮮膜內，冷藏鬆弛約30分鐘左右。
6. 各取5g的麵糰，分別用手搓成約5公分的長條狀。
7. 將兩色麵糰合併，並以相反方向輕輕捲起，接著放在桌面上輕輕的向前推成長約12公分，再捲兩端成圈狀。最後將兩端黏緊成圈圈狀。
8. 烤箱預熱後，以上、下火各150℃烘烤約20分鐘左右，熄火後繼續用餘溫燜5分鐘左右。

迷迭香全麥酥餅

材料：
新鮮迷迭香1T（3g） 糖粉50g
低筋麵粉100g 小蘇打粉1/4t
全麥麵粉30g 無鹽奶油75g
蛋白10g

份量：約14個

做法：
1. 新鮮迷迭香切碎備用。
2. 糖粉、低筋麵粉及小蘇打粉過篩後，再加入全麥麵粉及無鹽奶油用雙手混合搓揉成均勻的鬆散狀。
3. 分別加入蛋白及新鮮迷迭香，繼續用手混合搓揉成均勻的麵糰。
4. 將麵糰包入保鮮膜內，冷藏鬆弛約30分鐘左右。
5. 取麵糰約20g，用手搓成約5公分左右。
6. 烤箱預熱後，以上火180℃、下火150℃烘烤約25分鐘左右，熄火後繼續用餘溫燜10分鐘左右。

起士條

材料：
低筋麵粉120g 帕米善起士粉10g
無鹽奶油50g 切達起士20g（1片）
冷水20g 蛋1個 白芝麻50g

份量：約15條

做法：
1. 低筋麵粉過篩後，與帕米善起士粉及無鹽奶油一起用手搓揉成均勻的鬆散狀。
2. 切達起士用手撕成小塊後，與冷水分別加入做法1.的材料中，繼續用手搓揉成均勻的麵糰狀。
3. 將麵糰放在保鮮膜上，先用手將麵糰推開呈長方形，再用擀麵棍擀成長約20公分、寬約18公分的片狀，冷藏約2小時待凝固。
4. 將麵糰切割成長約15公分、寬約1.5公分的長條狀，並在麵糰上刷上均勻的蛋白，再沾裹上均勻的白芝麻，直接放在烤盤上，再將麵糰兩端扭起。
5. 烤箱預熱後，以上火180℃、下火160℃烘烤約25分鐘左右，熄火後繼續用餘溫燜10分鐘即可。

開心果蜂蜜脆餅

材料：
無鹽奶油30g 蜂蜜50g
低筋麵粉120g 泡打粉1/4t
開心果20g

份量：約26個

做法：
1. 無鹽奶油以隔水加熱方式或微波加熱融化後，加入蜂蜜用打蛋器攪勻。
2. 降溫後，一起篩入麵粉及泡打粉，用橡皮刮刀精微攪拌均勻，即可加入開心果，用手攪拌成均勻的麵糰。
3. 將麵糰放在保鮮膜上，用手整形成直徑約2.5公分的圓柱體，糕紙包好冷藏約2小時待凝固。
4. 用刀切割厚約1公分的圓片狀。
5. 烤箱預熱後，以上火170℃、下火150℃烘烤約20分鐘左右，熄火後繼續用餘溫燜10分鐘即可。

106-□□
台北市新生南路3段88號5樓之6

揚智文化事業股份有限公司　　收

□□□-□□

地址：　　市縣　　鄉鎮市區　　路街　段　巷　弄　號　樓
姓名：

Leaves
Publishing

 L5102　　　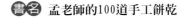 孟老師的100道手工餅乾

葉子出版股份有限公司

讀・者・回・函

感謝您購買本公司出版的書籍。
為了更接近讀者的想法，出版您想閱讀的書籍，在此需要勞駕您
詳細為我們填寫回函，您的一份心力，將使我們更加努力！！

1.姓名：_____

2.性別：□男 □女

3.生日／年齡：西元_____ 年_____月_____日____歲

4.教育程度：□高中職以下 □專科及大學 □碩士 □博士以上

5.職業別：□學生□服務業□軍警□公教□資訊□傳播□金融□貿易
　　　　　□製造生產□家管□其他_____

6.購書方式／地點名稱：□書店_____□量販店_____□網路_____□郵購_____
　　　　　　　　　　　□書展_____□其他____

7.如何得知此出版訊息：□媒體_____□書訊_____□書店_____□其他_____

8.購買原因：□喜歡作者□對書籍內容感興趣□生活或工作需要□其他

9.書籍編排：□專業水準□賞心悅目□設計普通□有待加強

10.書籍封面：□非常出色□平凡普通□毫不起眼

11. E－mail：_____

12喜歡哪一類型的書籍：_____

13.月收入：□兩萬到三萬□三到四萬□四到五萬□五萬以上□十萬以上

14.您認為本書定價：□過高□適當□便宜

15.希望本公司出版哪方面的書籍：_____

16.本公司企劃的書籍分類裡，有哪些書系是您感到興趣的？

□忘憂草（身心靈）□愛麗絲（流行時尚）□紫薇（愛情）□三色菫（財經）

□銀杏（健康）□風信子（旅遊文學）□向日葵（青少年）

17.您的寶貴意見：
_____

☆填寫完畢後，可直接寄回（免貼郵票）。
　我們將不定期寄發新書資訊，並優先通知您
　其他優惠活動，再次感謝您！！

葉子

Leaves
Publishing

根 以讀者為其根本

莖 用生活來做支撐

葉 引發思考或功用

果 獲取效益或趣味